U0561287

iHuman

成
为
更
好
的
人

忧虑
一段文学与文化史

WORRYING:

A Literary and Cultural History

Francis O'Gorman

［英］弗朗西斯·奥戈尔曼 著

张雪莹 译　董子云 校

YOULÜ: YI DUAN WENXUE YU WENHUA SHI
忧虑：一段文学与文化史

Copyright: © Francis O'Gorman, 2015.
This translation is published by arrangement with Bloomsbury Publishing Plc.
All right reserved.
FRONT COVER IMAGES: © Abigail Varney/Kintzing
著作权合同登记号桂图登字：20-2018-067 号

图书在版编目（CIP）数据

忧虑：一段文学与文化史 /（英）弗朗西斯·奥戈尔曼著；张雪莹译. —桂林：广西师范大学出版社，2021.4

书名原文：Worrying: A Literary and Cutural History

ISBN 978-7-5598-3564-2

Ⅰ. ①忧… Ⅱ. ①弗… ②张… Ⅲ. ①文化哲学－研究 Ⅳ. ①G02

中国版本图书馆 CIP 数据核字（2021）第 009918 号

广西师范大学出版社出版发行
（广西桂林市五里店路 9 号　邮政编码：541004）
（网址：http://www.bbtpress.com）
出版人：黄轩庄
全国新华书店经销
中华商务联合印刷(广东)有限公司印刷
（深圳市龙岗区平湖镇春湖工业区 10 栋　邮政编码：518111）
开本：787 mm × 1 092 mm　1/32
印张：7.625　字数：140 千字
2021 年 4 月第 1 版　　2021 年 4 月第 1 次印刷
定价：65.00 元

如发现印装质量问题，影响阅读，请与出版社发行部门联系调换。

万一……?

目 录

前　言 —————————————————— 001

Ⅰ 可是唉，你近来这样多病 ————— 015

Ⅱ 哎哟，真是不可思议的怪事 ———— 081

Ⅲ 这是一个颠倒混乱的时代 ———— 125

Ⅳ 请接受我心烦意乱的感谢 ———— 179

致　谢 —————————————————— 227

参考文献 ———————————————— 229

前　言

Cetera per terras omnis animalia somno
laxabant curas et corda oblita laborum

当万物沉睡，他们的忧虑也随之抛诸九霄云外，
忘却了心中的痛苦与生活的琐事。[1]

——维吉尔《埃涅阿斯纪》，第九卷，224—225

凌晨4点06分。

卧室不见光亮，几乎寂无声息。外面的街上空无一人。屋里是妻子和三只小猫极为宁静的呼吸声，他们酣睡沉沉。

空气中没有一丝扰动，只余近乎全然的黑暗和寂静，

---

[1] Virgil, *The Aeneid*, trans. Cecil Day-Lewis (Oxford: Oxford University Press, 1986), p. 257.（若非特殊注明，本书脚注均为原注。）

紧挨市中心的房子也笼罩在一片死寂中。

但我的脑海却传出噪音,那是烦躁不安的思虑所发出的种种声响。和这宁静的环境截然相反,这噪音搅动着,重复着,捶击着。

此刻我很清醒,是那种在午夜时分才会有的清醒,一切都有些失真,我心头所想的显得越发真实,令人困扰,迫在眉睫。

但我没有生病,也没有产生任何幻觉。我的精神状态难以让医生产生丝毫兴趣。从某种意义上来讲,我很好。众多给我的生命带来安全感的事物就在周遭。我最为关切的人正躺在身畔,安然无恙。我所爱的人们,无论远近,都很好。

所以到底发生了什么?脑中的噪音究竟是何物?

答案既不刺激,看上去也不大有趣,但至少是真实的。

我心怀忧虑。

我正为今早要与一个格外麻烦的人碰面而烦恼。19世纪英国小说家安东尼·特罗洛普(Anthony Trollope)曾于《奥利农庄》(*Orley Farm*,1861—1862)中写道:"世上可能没有比确实的怨恼更令人倍感慰藉的了。这种创伤感更能孕育思想。"[1]这说法很有意思,但我现在无法体会。

---

[1] Anthony Trollope, *Orley Farm*, 2 vols (London: Chapman and Hall, 1862), i. 64.

我在心里预演着那令我怨恼之事,在愤怒与恐惧间切换,揣想碰面后的结果。我要保持镇静。我不能够认输。我和他一样好,或比他更好。嗯!我比他更好。不能让他占据上风。不能让他的狂妄得逞。我要让他明白他的行为令人难以接受,不过要客气而慎重地传达。

我已经为此忧虑了好些时候。事实上,我刚刚从威尼斯度了个短假回来。威尼斯是我最喜欢的城市,但这次在最宁谧之城的旅行被我的忧虑所笼罩,令我几乎无法专注于它的魅力。透过宫殿府邸和广场,我只能看见我困扰的源头。忧虑吞噬了我的时光。它在普洛赛科[1]里下了毒,令洋葱沙丁鱼发酸。会面的结果令人焦躁,它如同圣马可钟楼一样,投下长长的阴影。因为无法预料会面之后的事态发展,各种不太可能发生的后果折磨着我。我对他的指责是对的吗?他会不会巧舌如簧,变戏法般证明我是错的,即便是**他**错了?为什么他不知道自己那么**不招人喜欢**?

我预想了会面中令人不快的冲突、轻蔑和鄙夷。争吵一定是不可避免的了。

但争吵的结果会怎样,我不知道。

---

[1] Prosecco,意大利的一种起泡葡萄酒。——译者注

不过，我可以想象。在凌晨，忧虑地想象让人失去理智。

不论是在旅途中还是现在，我都无法把那场会面和那个人从我的脑海里赶走，哪怕我已竭力说服自己这些不值得费那么大的心神。

是的！他并不值得。

凌晨4点32分……我还在忧虑着……

本书讲述的就是这种体验，它们以各种形式出现在各种生活情境中。尽管我将其统称为"忧虑"，但正如接下来将要说明的，真正重要的并不在于如何命名，而在于其本质上的多样性和当代性。至少可以说，忧虑是变幻无常的，它们以不同的姿态出现，占据了许多人的头脑。就其本性来说，它们就如同绞杀植物：就算割掉，也无法根除。它们生生不息，叫人透不过气，也尤其煞风景。然而，它们又是当下的一部分。

这是一本有关忧虑的书，也是一本有关忧虑之人的书，虽然人们常常认为忧虑只属于女性。当然，本书中用以界定忧虑的并非性别，无论生物学还是社会学意义上的。如果这种为未知的未来一再担忧的体验对你来说不算什么，请合上此书。倘若"万一……？"式设问对你来说很陌生，那么你也不必再读下去。你是安全的，从某种意义上讲，是有福的，你是我们羡慕嫉妒的对象，当然，你也不属于我们中的一员。本书献给那些本能地、切身地知道我在说什么的人。我们与忧虑共处。如果你懂，那么请继续往下读。

这本书是为你而写的。

当我试图严肃地界定《忧虑》这本书时，我感到了忧虑。由此可见，对于"我们是谁"这个问题，忧虑意味着什么：在追问意义时，忧虑出现了。本书的写作既无明确的参照，亦无业已行之有效的方法。它既不是一本医学书，也并非一本自助书。它也不属于自传，虽然其中有很多我的个人经历。尽管本书的副标题提到了"史"和"文学"，这两方面在书中也都有所涉及，但它既不是一部历史，也不是关于文学表现的作品。倒不如说，这一研究是对忧虑的含义、来源，以及它如何与我们始终相伴等问题所做的文学和哲学上的沉思。尽管本书探索忧虑的历史，但它称不上史学；尽管它在哲学层面上思考忧虑，但它也称不上哲学。这是一本取法于其主题的书。《忧虑》忧虑着忧虑。

第一章首先对忧虑下了基本的定义——不得不如此——忧虑是对未知未来的一系列焦虑，通常基于"万一……？"式问句。我思考了词语和忧虑间的关系，并探讨了为何忧虑是，或至少曾经是难以讨论的话题，并直面了忧虑的尴尬和作为忧虑者的尴尬。本章也回顾了忧虑的"简史"，探讨了我们现今所熟知的"忧虑"这一概念如何在19世纪出现，又如何在20世纪初变成常见却又尴尬的经验类别。本章将一战前后自助书的兴起，以及文学作品中对忧虑的批判意识的出现，都看作某种人类经验的标记。其中也涉及一些作家，他们把忧虑看作一种重要的精神状态，或鼓励读者对他们的作品进行"忧虑式阅读"。本章还讨论了忧虑的隐蔽性及其与特定群体、与现代个体性的特殊定义之关联所在。

第二章深入思考了自20世纪初以来既有的"应对"忧虑的策略。我考察了这些自助书的讨论范畴，思考了它们所用的方法，以及其中所含的一种强烈的观念，即忧虑的根源在于自我信念。这促使我去反思，究竟是什么改变了我们，我们如何在自己的生活中回应与吸收新的概念和观点，而倘若我们始终无法从心底认同一种新的自我信念，我们要费多大的劲才能坚持它。在这一章中，信念作为忧虑的核心问题出现。它是一种心智实践，告诉我们表面上理性的生活有多少是建立在先验的信念之上的，在这种信念的基础上我们构建起论点和论据——还有忧虑。本章还探讨了一下忧虑者在应对忧虑时所使用的非理性或超理性方法，他们打开了充满魔力和仪式的神秘世界的盖子，即使受过良好教育的理智的人，也会偷偷用其来克制某种程度上存在于忧虑者心中的复仇之力。本章的这部分将忧虑呈现为复仇悲剧的古怪形式。

第二章将信念看作忧虑的根源，而第三章则探讨了忧虑如何从理性中产生。宏观的忧虑史，涉及对忧虑起初类似于理性的某种表现形式的认识，它试图借助逻辑分析，列举和评估未来的不同可能，以便将一切因素都考虑在内。忧虑**似乎**属于一项理性活动，即使它一般难以预判最可能发生的结果，反而倾向于关注那些人们最不愿意看到的结果或只是简单地罗列各种可能性。但忧虑和理性间的关系不止于此，因为忧虑只可能存在于一个充满选择的世界中。本章探究了关于"理性的诞生"的整个文化神话，它认为从信仰到思考的奇妙转变是人类生活的指导力量。随着人类对选择的重要性和可能性的肯定，以及把理性推理看作决策的最佳方式，从信仰到理性的神秘转变便使令人辗转反侧、精疲力竭的忧虑得其门而入。本章还研究了一些文学和视觉艺术对"思考"的表达，反思了**想象**一个信仰的世界是多么困难，以及在视觉艺术中，将现代的思考行为和焦躁的体验区分开来是多么困难。

第三章剩下的部分讨论了从这种宏观的忧虑史中产生的那些当代问题。我联想到了一系列哲学和政治思想，在我看来，它们似乎都透露着忧虑，或者说，忧虑为它们提供了批判基础。本书所关注的问题多带有一点哲学色彩，涉及的许多术语在哲学辩论中有悠久的历史：未来、可行性、因果关系、合理性、语言与思维的关系等等。在思考理性会将我们带向何方的时候，我明确地转向了哲学家。首先，我想到了维多利亚时代的学者约翰·穆勒（John Stuart Mill，1806—1873）的自由主义雄心，他认为人类可以通过自由和理性的思考来达成定论，从而增进人类福祉。但本章采用了忧虑者的观点，认为通过理性难以得出可靠的结论，因此对穆勒的假设作了批判性评论。并且，我认为忧虑者还意识到了理性并不一定能增进人类福祉，这也是穆勒的乐观主义没能考虑到的一点。相反，忧虑者认为忧虑之苦是**有价值的**，除了本章的这一部分，最后一章还将重拾这个观点。其次，我考察了一些在现代世界中有影响力的政治理念的运作原理。其中，我特别探讨了自由市场中的选择观念、"自由"的人的概念，以及这样的信念：社会和谐与生活的最理想条件是通过"解放"所有人，让他们自由追求自己的欲望与"命运"而实现的。我承认我所运用的方法确实有点不切实际，但我仍坚持认为，因各种选择而忧虑的体验，以及忧虑者对人的"自由"的理解，都多少隐含着一种与西方发达资本主义相对立的政治哲学意味。

最后一章是以松散的结构呈现的。首先，我完成了一个看似不可能的任务——罗列做一名忧虑者的好处，因为我必须抱有一些盼头。延续第三章的论点，即把忧虑看作对主流政治假设进行批判性分析的基础，第四章进一步讨论了忧虑的种类，并提出忧虑究竟是不是祸中有福的疑问。在第四章伊始，我描述了本书的写作如何体现了忧虑者的所有症状——忧虑着写作，写作即忧虑。但接下来我振作了些，提出忧虑者头脑的分析能力能奇异地带来助益，无论如何，这种能力会是一种希望——我们至少会试图将一切都纳入考量并据之行动——的古怪依据。我想知道，忧虑者所熟知的痛苦是否能带来奇特的好处，面对当代文化光鲜矫饰地追求肤浅的、自我中心的欢愉之倾向，它是否能作为一种必要抵抗。因此我认为，忧虑者的存在能增进我们社会的福祉，这并非完全是戏言。最后，除了忧虑作为思维练习所能带来的隐性"好处"，我还探讨了为何自助书未能带来帮助，反而让读者更加沉溺于以自我为中心的选择文化之中。这种文化不仅加剧了忧虑，还给了它前所未有的肆虐的机会。我猜想，忧虑者会悄悄从自助书之外的地方获取力量。于是本章的后半部分匆匆一瞥了忧虑者世界中的一些替代物——此处需强调是匆匆一瞥，因为那是一些还并不十分深刻的认识。此外，本章的结尾部分对这些替代物给出了谨慎的，归根结底也是心怀感激的赞美。

在这一部分,我探讨了忧虑者如何从他人的满足感中,从物品或视觉艺术中获得暂时的慰藉。在我看来,摄影作品的魅力在于"无忧"的空间;我还考察了历史古迹的吸引力:在那里,忧虑即便曾经出现,如今也不复存在了。由此,我继续探讨了文学这种文字艺术。然而对于忧虑者来说,它分散注意力的作用并不是那么好,原因很简单:它是由文字组成的。对于忧虑,我觉得视觉艺术和音乐是更好的替代物,因为从最深层次看来,它们具有替代性**结构**:其结构与忧虑的模式和形态是相对立的。我探讨了一些雕塑作品,以及让人听了安心的J. S. 巴赫(J. S. Bach, 1685—1750)的复调音乐,它们因其形式而可作为忧虑的替代物,有效地转移忧虑者的烦恼或给他们以抚慰。这些艺术形式之所以比文字更为奏效,是因为它们并不**告诉**我们要去相信什么,而是允许我们去相信它们。

我最后的想法是,试图"治愈"忧虑无疑是徒劳的,即便这种努力不会毫无成效。我们生活在当今的西方社会中,注定是无法摆脱忧虑的,最好的做法就是理解它背后的成因。当然,我并没有说忧虑"只是"文化意义上的,并没有说它"仅仅"来自外界,旨在折磨我们。我提醒自己注意这一点,也在本书中承认,是个人状况与外界因素的共同作用,给个人生活中的忧虑创造了条件。我们忧虑者都有自己的故事要诉说,而且这些私人历史并非无关紧要。有些治愈方式**能够**改善我们的生活,是值得我们珍惜和赞美的,但我想抛开这样的假定,即认为忧虑者**只是**自己出了些毛病,忧虑是个体历史中私人或特殊的情况。相应地,我也想摆脱时下出版物中压倒性的假定,即认为忧虑完全是可以被治愈的——不管通过治疗师、牧师、自助书,还是一瓶密斯卡岱[1]。我还想摆脱一种武断的观点,即对于忧虑,我们忧虑者还是只能怪自己,哪怕我们已经在定期责难自己的自我意识和虚荣心——事实上,我经常这么做。很显然,撰写有关忧虑的书籍肯定存在严重的伦理问题,我也深知不需多时我就会在自己的论述中发现一些显见的矛盾。但本书的主旨仍然是不变的:就算不能"治愈"忧虑,我们也可以大胆尝试去理解它——不管结果是好是坏。

本书含有宿命论的成分。19世纪的批评家和诗人马修·阿诺德(Matthew Arnold,1822—1888)认为批评(他将"批评"归为广义上的"批判性思维"的一部分)的作

---

[1] Muscadet,一种麝香干白葡萄酒。——译者注

用在于"如其所是地理解对象"[1]——这在我们生活的任何领域都是一项艰难的任务，人们通常能避则避。评判总是受到蒙蔽、带有偏见、模糊不清的，而且经常断章取义，但批判性地思考正是这本小书所致力的方向。因此，本书对烦恼缠结的内在生活的描述，令人羞于承认——也几乎令我羞于付印。我们相对晚近才认识到复杂的内在生活可能是一个复杂精细的个体的标志。部分归功于现代主义文学，我们开始意识到，我们内在的敏感性，以及对世界的私密反思，是我们作为与众不同的、有价值的个体的标志。20世纪初的英美和爱尔兰现代主义叙事让我们相信，拥有丰富的内在生活——如弗吉尼亚·伍尔夫（Virginia Woolf, 1882—1941）笔下的达洛维夫人和詹姆斯·乔伊斯（James Joyce, 1882—1941）笔下的利奥波德·布卢姆那样——正是我们人格意义的体现，而且，拥有丰富、复杂、精细的内在生活，才是生而为人的有趣之处。

但忧虑并不属于一种能引发精彩或精细叙事的内在生活。它与一个复杂有趣，或充满诱人欲望和迷人希冀的世

---

[1] Matthew Arnold, "The Function of Criticism in the Present Time," *Essays in Criticism* (London: Macmillan, 1865), p. 1.

界相去甚远，也算不上一种上乘的敏感或值得钦佩的心理纠葛。忧虑只是我们个性的一部分，它是我们几乎不敢谈论的内在生活的一个特征。"如其所是地"看来，我们不会对这种内在生活引以为豪。而且，如果说这种内在生活中包含着欲望，那也不过是想追求一些平凡单调的东西，比如平和与心安，比如些许安全感，比如可以远离自己念头的片刻时光。忧虑中的内在生活有一种不适、尴尬、失焦、错位的感觉，以及处于对不大可能发生之事的执念旋涡中，无法接受"最有可能发生"之逻辑。现代主义者富有想象力地将忧虑当成他们试图呈现的内在精神世界的一个特征，把忧虑作为一个复杂的主题写入文学作品。但本书关注的忧虑大多是更令人憔悴烦恼的那种，是没那么吸引人的，也没有那么"精细"的心理活动，通常难登大雅之堂。马克思主义者可能认为，这种充满了烦恼和痛苦的内在生活，仅仅表明晚期资本主义让我们沦为支离破碎的、焦虑的自我。此言非虚，我也并不是没有看到经济学在忧虑中的作用。弗洛伊德主义者可能告诉我们，忧虑不过是冰山一角：在我们日常的忧虑之下，隐藏着最深层的精神创伤。**这**也可能是正确的，但我们无法加以验证；一旦你进入弗洛伊德的术语体系，就很难再跳出这个圈子。但我感兴趣的是这样的挑战：尝试谈论这一被掩藏、被抗拒的，长期以来被避免在书中讨论的主题,并尝试看清忧虑为我们揭示了**其他**哪些与我们现今的生活方式有关的重大文化议题。本书不涉及心灵之感性的形式或感性的幻想,也不宣称忧虑者的内心世界有多复杂。我面对的是一片崎岖土地,其上覆盖着丛生的荨麻和破碎的密斯卡岱酒瓶。我对忧虑感兴趣,因为我就生活于其中。

I 可是唉,你近来这样多病

《哈姆雷特》,第三幕第二场[1]

"忧虑"并没有恰当的同义词。很多人会认为英语使用者很少需要用到这个概念。"你怎么了?""你看,我正忧虑(worried)着呢。"这与说"我很焦虑(anxious)"**不一定**是同一回事,尽管它们有所关联。其实在本书的讨论中,我有时也会将这两类情绪相提并论,因为它们都涉及对未来感到困扰的心境。很显然,"忧虑"也不等同于"沮丧"或"抑郁"。"忧虑"是焦躁(fretfulness)的一种形式,是一种精神上的不确定以及被不断扰乱的形式。忧虑是**忧**

---

[1] 本书对莎士比亚作品的引用都出自 *The Oxford Shakespeare*:*The Complete Works*, 2nd edn, ed. Stanley Wells and Gary Taylor (Oxford: Oxford University Press, 2005)。(本书相关译文采用朱生豪译本,下不一一注明。个别之处应本书文意调整。——编者注)

虑的一种形式。除了"忧虑"一词本身，还有别的词能将它说清吗？

在落笔时，我颇感困难。实际上，这本书的写作一直都是我一个相当大的忧虑来源。不同的读者对它会有不同的期许。有读者希望从弗洛伊德和其后的精神分析学家入手，追溯忧虑这一概念成形的过程，通过详尽的学术研究，梳理精神分析史，由此厘清究竟何为忧虑，以及如何应对忧虑。他认为，对忧虑的理解要根植于对创伤、分离，以及对脱离子宫的理解，正如弗洛伊德肯定会说的那样。另有读者希望书中能分析精神卫生专家编录的各类症状相关的所有诊断，依据由美国精神医学学会编著的、为所有精神障碍系统分类的《精神障碍诊断与统计手册（第五版）》（DSM-5）。他认为我的书应该从临床的角度探究忧虑，给出**应当**收入 DSM-5 的内容。顺便一提，这本手册在 1974 年之前一直将同性恋定义为一种精神障碍，它并不是有些人所认为的那种中立的科学手册。

还有一位读者认为我从一开始就偷换了概念，应该谈论的是临床焦虑——DSM-5 中一种真实存在的精神障碍类型——以及相应的疗法，而"忧虑"这一概念对于他们来说似乎毫无意义。另一些读者得知本书探讨的内容并不关于病理状态，而主要是一种日常状态，一种"精神障碍"

范畴之外的思维习惯时,便兴味索然了。发现有那么多人似乎都不知"忧虑"为何物,这让我感到自己面临着巨大挑战,但也令我振奋。这么多人未曾认识"忧虑"!看来人们面临的忧虑问题还没有我想的那么糟糕。

不难理解为何人们很少谈及忧虑——并非仅仅因为英语中鲜有词语可以描述它。"我很抑郁"这样的话足以引起医生注意,"我难过得想自杀"更是如此。但如果你说"我是一个忧虑者"呢?这时候压力很大的医生和心理咨询师该做什么呢?压力很大的**朋友**又该做什么呢?"好吧,请你振作起来,别这么自我放纵。难道你没有更重要的事情要去想,甚至去**写**吗?"

"忧虑"还有两大明显特征,促使人们对它避而不谈——后文会谈及要点,现暂不作说明。"忧虑"常常是无聊的,几乎总是令人尴尬的,甚至令人难堪。我们很少向别人提及它,免得令人生厌,受人轻视。他们会说:"噢,又来了,他又开始忧虑这些……多么无聊,多么尴尬,多么**怯懦**啊!"谈论忧虑是不合群的,了无生趣的。

真想见见某个不忧虑的人。

我们所不谈论的问题,恰恰能成为很好的讨论话题。在那一连串长长的非公共话题列表中,一般来说,作为社会化的常人,我们将"我的忧虑"这类话题视为谈话禁区。

正如美国小说家菲利普·罗斯（Philip Roth，1933—2018）曾在其有关种族主义的小说《人性的污秽》（*The Human Stain*，2000）中提及："虽然世上满是那种自以为他们将你或你的邻居看透了的人，实际上未知的东西却深不可测。"[1] 本书正是对该观点的一种补充，是一份注解和例证。有时候我悲观地幻想着弥留之际，万事皆休，无可再说，对自己的死生无能为力，在那时我们中又会有多少人从未提起、论及、诉说生命中的重要之事便离世。黑暗笼罩下来，我们生命中这部分内容将永远无人知晓：对某人的钟爱，对过往罪行的愧疚，抑或难以启齿的真相……我们会不会忘了坦白某些事情，或忘记宽恕在乎之人的错误？是否会决定将一个龌龊的、不道德的，甚至是罪恶的真相带至坟墓？的确会有这样的真相，这样的秘密。除此之外，可以肯定的是，对于忧虑者而言，有一样东西是必然随着死亡而消失的：众多潜在的、我们毕生与之周旋的恐惧和烦恼都会在那一刻化为乌有。到底有多少人的生活是由这潜藏的焦虑组成的？总有好些人吧。忧虑的历史难以书写，部分原因在于大多数证据都随着个体生命的结束而消失

---

[1] Philip Roth, *The Human Stain* (London: vintage, 2005), p. 315.（此处译文采用刘珠还译本［译林出版社，2003 年］。——编者注）

了——或许我们该为此庆幸。菲利普·罗斯认为，人只有承认自己对性的渴望，才能认清彼此。但谁会承认自己的忧虑呢？

本书关注人的精神状态，但不想仅仅用单一的、既定的术语来思考它，所关注的不仅仅是病理学、医学、心理咨询或心理治疗，也不仅仅是忧虑在文学、电影、精神分析史中的体现。我希望另辟蹊径，从更个人化的角度入手来描述忧虑。因为"忧虑"本身就非常复杂多样，并且至关重要，不可片面地考量。本书也并非冷冰冰的学术研究，并非对"忧虑"这一重要却被掩藏的人类困境从某个角度进行全面的描述。因为我不愿采用任何单一的阐释，这致使我手边没有现成的方法论来处理这一主题。关于忧虑之表征的文学研究是本书内容的一部分，但不是全部。忧虑的历史及其模式亦有涉及，但本书也并不仅限于此。另外，它也**绝非**"治愈"忧虑的自助书。我毫无先例可循。

本书并没有明确的范围，对所探讨的话题也没有清晰的界定。我自问，在任何意义上，它可算作一本有关精神健康的书吗？如今，"精神疾病"（mental illness）一词是否有待商榷，已成为人们熟悉的论题。长期以来，人们也一直在讨论，"精神疾病"是否在某种程度上只是人们为方便分类而创造的概念。一般认为，精神疾病存在于知觉行为中，并通过其表现出来。备受争议的英国心理学家理查德·P. 本托尔（Richard P. Bentall）说："也许，对理智与疯癫的界定，取决于我们的立场。可能某种情形从一个角度看是疯狂的，同时从另一角度看却是理智的。"[1] 这个想法令人不安——还会让某些人感到恼怒——但它的反响是巨大的。照此而言，精神疾病并不是一个稳定和确定的状态，也就意味着它并非毫无争议，也并非无可辩驳。简言之，精神疾病的诊断是一个个体对另一个个体所做出的判断，而其凭借的依据却总是可以被推翻、修改、挑战的。但本书并不想对这一概念作过多探讨，只是提出这样的疑问：**忧虑**究竟是否算作一种"精神健康"问题？现有的对精神健康的探讨模式是否有足够的空间来探讨这一私人的、隐秘的问题呢？而在某种视角下，忧虑会不会更像是精神健康问题呢？既然很少谈及它，我们是否有把握恰当地对它进行编目？

已经有一批学者致力于撰写疾病的文化史，他们大多来自大学的人文社科系，而非医学系。对于医学界来说，这似乎是一个有争议的话题，而且研究方向往往不大对头。

---

[1] Richard P. Bentall, *Madness Explained: Psychosis and Human Nature*, new edn (London: Penguin, 2004), p. 117.

对于疾病之**历史**的撰写,意味着对疾病的研究方式发生了改变,不再仅仅局限于化学或生理学,而是将疾病的形式放入人类文化中去理解,并将其视为人类文化的一部分。发起这样的研究即意味着,疾病不仅仅与身体有关,而且与整个"社会"(无论它是什么)有关,疾病在某种程度上同时作为躯体事件和社会建构而存在。

"我们能为疾病作传吗?"[1]伦纳德·J. 戴维斯(Lennard J. Davis)在仔细考察如今所称的强迫症(OCD)及其与我们时代之间的关系后如此问道。为何强迫症是个较新的疾病类别?难道是因为医学在不断"进步",近来才能诊断出这类症状?又或者其背后隐藏着更为复杂的原因?强迫症的真实历史是否牵涉到文化和生理条件的缓慢形成,而正是这使得此种疾病和对它的诊断**成为可能**?同样的道理可能也适用于神经性厌食症和肌痛性脑脊髓炎/慢性疲劳综合征?戴维斯尝试为强迫症作传,并使用了"生物文化"(bioculture)这一术语,试图将疾病置于人类发展的复杂网络之中。"生物文化"假设,疾病的标签和对疾病的诊断,是生物、历史、生理学和人类社会的混合产物。戴维斯在其

---

[1] Lennard J. Davis, *Obsession: A History* (Chicago, IL: University of Chicago Press, 2008), p. 3.

令人信服的研究著作《强迫症：一段历史》（*Obsession: A History*, 2008）中提出，强迫症及其他几种类型的强迫行为，与现代世界在文化上对强迫本身的执着有关。强迫症只可能产生于繁忙、快节奏的现代社会，在其中，人们的强迫行为比以往要更明显、更确定，也更必要。从某种程度上讲，强迫症本身就是为，也被我们这个时代创造的。

但忧虑并不是一种疾病。时下"精神疾病"的范畴并不囊括本书所探讨的"忧虑"。忧虑是我们生活的一部分，是的，它就在生活之中。那么忧虑和**健康**这个概念之间又有什么关系呢？假如我们对此并不清楚[1]——**健康**在这里意味着什么？——我们就难以将忧虑放置在合适的框架内进行分析。我们是否可以为这种非疾病、这种与精神健康有关却又不属于精神疾病的事物作传？我用一种不确定的方法对这种不确定的人类经验类别进行研究。**我究竟在做什么**？我最迫切的疑问是，"精神健康"这一范畴和忧虑之间到底属于什么关系，以及在当代社会，我们应如何通过"精神健康"或"精神不健康"的定义对忧虑有更新、更全面的理解。因此，并没有现成的指南告诉我该如何进行研究，

---

[1] 参考亚当·菲利普（Adam Phillip）《走向理智》（*Going Sane*, London: Hamish Hamilton, 2005）一书中有关对精神疾病之"反面"的定义有多不常见的讨论。

如何找到合适的词语表述这样一件感受多于讨论、经验多于分析的事。这样的词语少之又少,而且对于幸运的人来说,它们根本就难以理解。

我肯定会犯错,但不会为此过于担心。我要做出尝试。因为我真的很想让忧虑成为话题,我想使开始谈论它成为可能,而不是停留于个人经验;我想利用自身关于忧虑的经验来推动对精神健康和"福祉"(well-being)的探讨,推动对人类**内在生活**的探讨;我想以更好的方式去谈论内在生活,探问那里究竟会发生什么、不会发生什么(我甚至还想探讨一个不受欢迎的话题,即我们是否像现代主义者所说的那样**拥有**内在生活)。首先,我想知道的是,当我们承认人各有其忧虑,那我们自认为的对他人的了解究竟算什么。因为一个人的忧虑,在多数时候都默默地封锁于内心,可能与他的外在表现大相径庭。由于忧虑,一个人的自我认知与"自我经验"可能与周遭朋友、同事和家人对其的看法完全不同。人类的内在世界千差万别,就连找到日常证据以佐证我们对彼此知之甚少都十分困难。

我深受困扰:内在世界发生了"阁楼上的怪事",而我们对此一无所知。我想弄清楚自己为何会忧虑,由此,我想把"忧虑"这个意识中奇怪的部分用语言表达出来。正如前文所说,本书并不仅仅是有关忧虑的历史、文学表征、意义和"治愈"的思考——尽管我说过，这本书中确实有这些——而是对"忧虑文化"的探索：产生、标记忧虑，并赋予其以意义的，是由社会学、神学、政治学和美学交织而成的整个网络。我部分参考了戴维斯"生物文化"的概念，但其医学主题与本书并不那么贴切，因为本书几乎未涉及医学领域。除了上述内容，本书更像是一种寻找忧虑及其意义（不论好坏）的个人旅程，它关于忧虑，也关于我自己——忧虑者弗朗西斯·奥戈尔曼，这是一个不时感到脆弱、过度敏感、过度矛盾的，焦躁的，失眠的人，间或觉得自己就像贩牛店里摆放的瓷器一般。当然并非成日都是如此——不过有时候肯定会这样。从这种程度上来看，本书是一个人的自我剖析，是精神行为的喜剧，有时也不太算喜剧。本书竭力追求所探讨话题的真实性，尽管这一话题障碍重重，且没有成型的方法论，但在我杂乱的个人精神空间中，作为本书主题的"忧虑"，却是极生动鲜活的存在。

我希望能够说：这本书是为了那些和我一样，有时很难透过忧虑的雨窗看清现实情况的人而写；是为了在忧虑中无法理清思绪的人而写；是供人们在午夜失眠时分阅读的。但事实上它只是通常意义上的写作，旨在提供帮助，不管它能达到何种程度的舒缓效果。这一意旨到结尾将变得清晰起来。更宽泛地说，在其他方面，本书假设，并试图证明，我们终其一生都无法根除忧虑，这是由我们所置身的世界决定的，也是由我们的个人特质决定的。不久前，我在写作中途向朋友描述这本书，他耐心地听着，将信将疑。末了，他问道："那么，它是一本文学自助书吗？"

不，它是一本文学"无助书"（there's-no-help-book）。

诚然，有些事情可以减轻忧虑。有些事情可以拨开它表面的泥土。但就像我们如今知道的那样，忧虑作为生活的一部分，深入岩层。

行文至此，我已经使用了一百六十二个"忧虑"或其变体（加上这个是一百六十三个），讨论这个话题讲究不了文笔优雅，因为同一个词不断出现。但若使用其他似是而非的近义词，便会弱化忧虑的特殊性。然而，忧虑的特殊性又是什么呢？它简单来讲是什么？我所谓的忧虑又是什么意思呢？即便到了本书的末尾，我也不认为自己对"忧虑"一词下了精准的定义，把它整个装进了贴有标签的玻璃陈列柜。我无法捕捉所有可能产生的共鸣，也无法网罗我们人类如今使用"忧虑"这个词描述的感受和烦恼的所有情形。忧虑的特征之一即逃避性，像蝙蝠一样见不得光，难以用语言准确定义。而且，忧虑一词自身不断产生新的含义，也不可能有绝对和最终的定义，因为忧虑本身就是因人而异的。"忧虑"这个词时常出现在我们的日常对话中，其含义却千差万别。所以，追寻忧虑是一个渐进的、有时不免磕磕碰碰的过程，"忧虑"一词本身就有点令人忧虑。

但在这里，我还是根据先前的假设，暂且给"忧虑"下了初步定义（与我理解该术语的主要途径有关）：当我用"忧虑"描述我的内在生活时，**我想**表达的那种状态。当然，忧虑通常与其他情绪混杂（我想，在本书前言那段为会面忧心的描述中，饱含愤怒和忧虑）。相比"焦虑"一词，"忧虑"更加稀松平常，而"焦虑"令人联想到临床医生贴的标签，会随时变得极端，令人失能。毫无疑问，本书所关注的忧虑远不及抑郁那么严重，它能融入普通的、正常的，甚至成功的生活。"忧虑"是一种家常的、功能性的情绪，它无处不在、如影随形，而在我看来绝非一种病态。相比"忧虑"，"焦虑"有时指向一种其承受者更受掌控的心理状况，仿佛"焦虑"是更实在的。"焦虑"一词在使用时更常与惊恐发作、恐惧症、完美主义、强迫行为和反社会行为相关联。但这些情形不大属于我所关注的忧虑世界，本书所探讨的"忧虑"很少能够控制忧虑者的心智，令其无暇顾及其他，虽然它会令人在夜深人静之时突然感到无望。"焦躁"是"忧虑"的伙伴，描述一种惶恐不安的状态。然而，即便对"忧虑"已做了最详尽的界定，仍有些感受为它所独有。没有别的词可以形容这种让我为之蹙眉、焦躁不安的，却又是现代人心灵中稀松平常、潜藏已久的状态，它会像一股从洞穴里吹来的冷风般袭向我。

忧虑可以是一种集体情绪，但更常是一种私人体验。"国家忧虑"是可描述的（比如对于法西斯主义的兴起或国家队的晋级机会）；"全球忧虑"也是可描述的（比如对于全球气候变化、核战争，或困在地下的智利矿工）；但当它作为私人问题出现时，忧虑就更为特征化，更适合表述，也更为我们所熟悉。忧虑有其内在的精神模式，不能轻易套用到整个国家或全球层面。个人的忧虑虽然可以诉说，但人们通常都将其默默藏于心里，作为私人生活的一部分。我们可能难以相信别人也有这样的经历，继而认为哪怕我们向他人倾诉，他人也难以相信**我们**所言。忧虑的主要特征就是对于未知的未来，或者更确切地说，对于存在某些**不确定**因素的未来的担忧。对个人来说，它最常见的形式就是一个问句，起首于："**万一**……？"

忧虑往往是循环往复的。它可能只是缘起于一种"简单"焦虑，比如"后门是否锁好"这样的问题。这样的问题看似简单直接，却挥之不散："我**到底**有没有把后门锁好呢？"而且它会自行启动并失控，然后衍生出更多与最初的问题相关的想法，使情况进一步恶化，这也是忧虑难以启齿的原因。这样一来，简单的问题便很容易进一步引出无数种令人不安的可能性。而本书所做的，就是找一件"简单"事务，然后忧虑之。它展现了忧虑隐含的一切影响、潜在的意义及可能性——以忧虑者再熟悉不过的方式。作为一名资深忧虑者，我会将那简简单单、看似多少可控的"普通忧虑"转化为糟糕得多的东西，将寻常状况里的潜在影响揭示出来，而这有可能是你从未意识到的。

"如果我**真的**忘记锁后门，那么可能就要遭遇入室盗窃了。"这可能是简单忧虑典型后续发展的第一步。紧随其后的，是对这个小小失误背后所有潜在后果的追问。"如果盗贼偷了我的护照、闪存盘、收藏的光碟怎么办？如果**盗贼放火烧了我家**呢？我知道某处发生过类似的情况……"我们都不愿意承认，这样的忧虑会在脑中不断低沉作响，发展出无数种糟糕的**可能**剧情，从而逐渐演变成恐惧。这听上去或许十分荒谬，令人难以置信。在某种程度上，这也**确实**十分荒谬。但若你也是一名忧虑者，我希望你能明白我到底在说些什么。

忧虑会无情地让最初的问题在你脑中演化出更令人不安的后果。对由一个想法延伸出的种种可能性的评估，这就是忧虑。它的典型运作方式是，不由分说地利用因果关系，制造"接下来会发生什么"的糟糕链条。当然，导火索可能会比没锁门这样的事情严重得多。

这一点值得弄清楚。

忧虑往往只是隐隐作痛，但有时可能令人痛苦不堪。那些并非习惯性忧虑的人，无疑也会在某些时刻面临严重的忧虑问题。而作为一个习惯性忧虑者，把日常所忧虑之事根据轻重缓急排序对我来说是十分困难的。当我怀疑自己忘记锁后门，很少会区分这个问题与其他更沉重之事的严重性，比如朋友得了重病，再比如英国高等教育未来堪忧。忧虑者的忧虑程度、其忧虑的痛苦程度并不总和所忧虑之事的严重性成正比。其实许多非习惯性忧虑者有时也会忧虑。生活太难，问题太多，很难不去忧虑。但本书最关注的是那些习惯性忧虑者，忧虑已经成了他们的日常甚至庸常状态。但广义上来说，无论是偶尔忧虑的人，还是习惯性忧虑者，面对艰难的、不确定的未来，他们感受忧虑的模式无异。

有一类最普遍的日常忧虑是尤其阴郁的，即心灵为身体忧虑。在几年前，这样的情况被称为"疑病症"（hypochondria），也就是 17 世纪法国剧作家莫里哀（Molière，1622—1673）所说的"**无病呻吟**"（malade imaginaire）。"疑病症"在现代医学中被以各种更为客气委婉的方式表述：身体性痛苦；医学上无法解释的症状；躯体化；阈下症状、亚综合征，或其他无法诊断的痛苦。这听起来就不那么可怕了，更像一种令人安心的科学确定性，而非一种批判。但无论如何，它们都描述了一种忧虑的形式，它始于一些有关身体的"简单"而可辨识的疑问："我的头痛会不会是什么不好的病引起的？""我总感到这么疲惫是不是意味着我的身体出了状况呢？""新长出来的痣是有什么大问题吗？"无须在因果链上追溯得太远，这些问题就足以让我们在想象中酝酿起灾难了。

"疑病症"的演进历史，让我们对现代普遍意义上"忧虑"一词的出现有了更深的认识。维多利亚时代早期的小说家夏洛蒂·勃朗特（Charlotte Brontë，1816—1855）是英国文学史上最杰出的描绘"疑病症"这种精神痛苦的作家之一，在她那个时代，疑病症更常用来概述一种无根的焦躁。尽管勃朗特并未对此进行分析，但她以妙笔描述了这一状态的感受及其症状。在关于一个比利时的英语老师的小说《维莱特》（*Villette*，1853）中，夏洛蒂·勃朗特描绘了这种萦绕心头的焦躁、这种忧虑的习性是怎样驱散快乐，夺去生机的。郁郁寡欢的女主人公露西·斯诺在参加一场音乐会的时候碰到了拉巴色库尔的国王（夏洛蒂在这本书里对比利时很不客气，她用来暗指比利时的"拉巴色库尔"一词，意为"晒谷场"），而他显然是个愁苦的人，

露西观察到:

> 坐在那儿的原来是一位默默无言的受难者——一位神经紧张、意气消沉的人。那双眼睛曾经看到过某一个鬼魂的造访——曾经长久等待那个最不可思议的幽灵"疑病症"的忽隐忽现。也许他这时就看见那个幽灵出现在舞台上,面对着他,待在那一大群花团锦簇的人们中间。"疑病症"具有那种习惯,它在千万人中间产生——像"恶运"那样黑暗,像"疾病"那样苍白,又几乎像"死亡"那样强烈。它的伙伴兼受害者在一时间觉得快乐逍遥——"并不是那样,"它却说,"我来了。"它便把他心里的血冻结起来,把他眼睛里的光遮暗。[1]

勃朗特完美地抓住了焦躁循环往复、无法凭一个解答就摆脱的特点。通过她对于"疑病症"的描写,现代忧虑的轮廓又清晰了一些。现代忧虑一般由问题构成:可能是

---

[1] Currer Bell [Charlotte Brontë], *Villette* (London: Smith, Elder, 1889), pp. 216–217.(此处译文采用吴钧陶、西海译本[上海译文出版社,2000年]。——编者注)

忧虑不断带着同样的问题返回("我来了")。忧虑意味着忧虑者的心理风险评估出了问题,它使那些最不可能的结果变成最具侵扰性、可视性和重要性的结果。它混淆了优先次序,阻碍了我们预判最可能的结果的能力。其实理论上**可能**发生的事情在现实中并不一定会发生,而忧虑者的问题之所以特殊,就是因为很多时候他们的问题是可以被回答的,但他们却始终不承认答案的可靠性,或只是短暂地认同一下。忧虑**不喜欢**答案,因为忧虑是武断的。忧虑者经不起盘问。

这就让事情变得更加糟糕了,因为对忧虑者最有效的回应似乎通常就是回答其问题,指出最可能的结果,表明他们所担心的事情不合逻辑,或发生的可能性极小。通常旁人都会以否定的断言来安慰忧虑者:"我很确定你没有忘记锁门。""我敢肯定你的头痛没什么大碍。"回应者有时只能做到这一步,但仅仅靠相反的说法很少能起到平息忧虑的作用。(真遗憾,这是非忧虑者为忧虑者提供忠告时主要采用的策略。)

接下来,旁人可能会试图给出一个更有效、更有理有据的回应:"无论如何,你家有扇锁住的后门,没人能进到花园里不是吗?"这听起来合理多了,然而事情绝不会因此结束,因为通常忧虑者早已想过这样的情况了,所以他绝不会说:"噢对,你说得很对,我好蠢哦!"转而不再担心那扇没锁的门。哪怕忧虑者暂时因这个新观点——在它**刚**被提出的时候——缓解了情绪,不久他又会感到困扰。"花园后面**的确**有扇后门……要爬过那扇后门是不难的,特别是如果有两个人协作的话。""花园后面**的确**有扇后门,但那扇门的锁形同虚设,事实上它一推即开……"这样一来,忧虑绝不会就此消失,它发现门上了锁,便溜到另一侧。

忧虑最喜欢环形。因果链看似是一条直线,向远离起点的方向延伸,但事实上它是封闭的环形,会自行折返。虽然忧虑者可以暂时被其他事情分散注意力而淡忘忧虑,但一旦此事完结,忧虑又会再度来临,就好像问题从来没有"答案"。

这也是忧虑者令人生厌的原因。你以为忧虑者已经因为你的安慰好些了,但下次聊天的时候,对话又再次回到原点。"你怎么**还**在担心同一件事情?!""我不是说过你的头痛很可能只是因为喝了太多的咖啡吗?""我不是说过你很可能像上次一样,只是把手机落在家里而非车上吗?""**真的**不要太把对你姐姐说过的话放心上,我**很确定**她不会觉得受冒犯。"但这样的话通常都无济于事,又或者只在短时间内管用。这些都是家人和朋友不免要说的话,因为在对付忧虑者时,除了这些话,他们也无话可说了。这些陈词滥调有时出于好意，有时出于不耐烦的关怀，但通常都毫无用处。它们被忧虑者反复咀嚼之后又放置一旁——忧虑者沉溺于对保证的需求中，这类保证虽然唾手可得，但也不是长久之计。忧虑者不会认同答案，因为我们终究不相信答案，我们相信的是别的东西。但不必因此生气，这不是试图帮助我们的朋友的错。

忧虑者本就是这样。

忧虑总是伴随着其他事情一起发生。我们之所以很少谈论忧虑，最简单的原因之一，就是我们还有其他事可谈。忧虑潜伏于日常活动和话语之下，这是完全可能而且绝对正常的。正因为忧虑游走于日常生活的表面之下，一般的忧虑者看起来大体和常人无异。他们通常不像夏洛蒂·勃朗特笔下的拉巴色库尔国王，而是像你我一样的普通人。好吧，他们看起来当然像我。当忧虑者难以入眠，开始担心姐姐的身体状况或第二天的薪资考核结果时，便陷入忧虑之中。在这时，也许任何真正重要的生活都只能被理解为寓言，而在最极端的情况下，忧虑者人生中连续不断的寓言，是与"敏感""惶恐""不安全感"，以及"一些严重问题"的预兆打交道。忧虑能牢牢地占据忧虑者大脑中的显要位置，成为其生活的主轴。但另一种更常见的情况是，忧虑只占据了忧虑者精神空间的一部分。它喜欢环形，并且不得不与其他事情交缠杂糅。忧虑往往隐藏在生活的表面之下，这就是忧虑的地质学特征。

忧虑者很可能一边谈工作还一边忧虑着。从各方面来看，忧虑者一切正常，对于忧虑者自己，一切看起来也很正常。事情可能会是这样的——

忧虑者：你是说我们这个季度的办公经费超支了？（如果我今晚不能早点回家，明天报告的准备工作就做不完了。）

旁人：恐怕是的。

忧虑者：大部分经费都花在新买的电脑上了吗？（如果没有充分的准备，报告效果可能非常糟糕，但我又把事情拖到了这么晚，这该如何是好呢？若报告效果不好，我们可能没法成功签约，也就没法赚到钱了。）

旁人：还有新办公桌。

忧虑者：好吧，至少那些可以用好几年。（我不应被上个季度花在办公设施上的经费这点小事绊住而无法准备报告，如果报告不成功，而我又觉得若时间更充裕会准备得更好，就只能怪我自己……）

这只是其中一条线。忧虑很难传达，很难完整地写下来，以上只是表述而非复制忧虑者心中所想。问题的关键在于如何去理解忧虑者的心理活动，而它们就像痛苦一样无言——困难横亘于此。对于忧虑者来说，可能有两条"主线"在同时"进行"着。此外,或许还有其他的线缠绕其中,比如"我……需要……一杯……咖啡"或者"我……痛风的……关节……好痛",类似想法从忧虑者的脑海中幽幽冒出。但通过我的表述,读者只能逐字逐句地读到其中的一条线。除此之外,在表述时,叙述者必然会用文字对这种经验进行折损、重组和调和。忧虑在口头话语和书面言辞下悄然跳动,对它的描述无法重现其同时性。忧虑的同时性、忧虑悄无声息的侵扰能力,在不可见之处像啄木鸟一般日夜叩击着忧虑者的内心。这种状态虽然能用言语表现出大概,但旁人绝对无法仅通过描述感同身受。

美裔英籍现代主义诗人T. S. 艾略特(T. S. Eliot, 1888—1965)就是一位忧虑者,也是一位书写忧虑的作家。在我看来,他是第一位给忧虑作诗的人。[1] 他会用一些恰到好处的措辞去描绘焦虑的层次。在他的早期诗歌《一位女士的画像》(*Portrait of A Lady*, 1917)中,他描述了一场弥漫着无趣时尚感和上层社会空虚感的音乐会。这首诗的叙述者像拉巴库尔国王一样,只是心不在焉地听着音乐。(为什么音乐会总是和忧虑联系在一起?)焦虑如刺针般

---

[1] 参见 Francis O'Gorman, "Modernism, T. S. Eliot, and the 'Age of Worry'," *Textual Practice*, 26 (2012), pp. 1001–1019。

振动，刺下精神文身。诗中的叙述者说道："在我的脑海中，沉闷的节奏开始嗵嗵（tom-tom）地敲。"[1] 周遭的音乐早已被心里的敲击声淹没了。这种反复性焦虑、单调或单一主题的概念，在艾略特的名字中表达了出来（他全名托马斯·斯特恩斯·艾略特[Thomas Stearns Eliot]，人称汤姆[Tom]），这仿佛暗示着双重自我：外在的社会性自我和内在的苦闷自我。在这首诗中，用词的选择给人一种不安的猜想，即他内在的自我，那个**真实的**汤姆，来自内心不断生出的、无法驱赶的焦躁，并与这种焦躁同在。汤姆和嗵嗵声是密不可分、相辅相成的。

如果在大部分的时间里，我能用语言去描述忧虑，这是否就意味着忧虑正**实实在在**地在我脑中以文字的形式发生（或者更像一种无言的"嗵嗵"的痛苦）？是否有真实的语言浮现在我的脑海中，描述着进而构成了我的忧虑？我在用语言思考忧虑吗？我用**英语**忧虑吗？

我想我有必要谈谈"合情合理"（rational and logical）。忧虑总是与那些**可能**发生但不大会发生，或至少**在忧虑者看来**可能发生的事相伴。我有一个朋友特别为坐飞机而忧

---

[1] T. S. Eliot, *Collected Poems 1909–1962* (London: Faber, 1974), p. 19.

虑，因为她觉得云上除了真空别无他物——没有物质可以像水托起船一样托起这么大一架飞机。她对此深信不疑了多年，没有什么科学依据可以改变她的观点，因此，她从来不坐飞机。她认为如果飞机飞得太慢就会从天上掉下来，因为没有东西托着它。后来她发现，或终于被说服，云上并非空无一物——云上还有**空气**。虽然很稀薄，但也真实地存在着。待她意识到这一点，她也就不那么担心事故了。她觉得飞机多少像是由气垫托着的。

讲这个例子的重点不在于其在科学上是否准确，而在于，在我朋友看来，飞机从一个真空的天空中坠落是可能的——按照她对大气学的认知，的确有可能发生。这就是我所谓"在忧虑者看来可能发生的事"。忧虑用语言表达出来的问题几乎都是可能发生的问题，其中的因果链具有合理性，而且可通过语言表达，故也是可以理解的。这类语言遵循熟悉的逻辑和因果链，哪怕其所谓的逻辑只是**看似符合逻辑**而已。然而，如果这些话并不费解，也多少符合逻辑，它们**就是忧虑本身**吗？脑中的忧虑可以用语言来表达，但语言和忧虑之间的关系又是什么呢？当我担心后门是否锁好的时候（我刚下楼去检查了），"**后门是否锁好**"这样的字句是否**真**的出现在我脑海里？

我多希望能逮住忧虑中的自己，退后一步来观察。但事实上我无法就"忧虑与语言的关系"给出一个确切的答案，因为我无法退后一步来观察。忧虑就像睡眠一样，只在我没准备好去观察时发生。我只能谈论过去的忧虑，哪怕就是几秒前发生的。此处其实藏着更大的哲学问题，涉及思想与语词的关系，涉及语言与思维形式及行为的关系，关于这些我还未能理解。但仅就忧虑而言，我认为，在这焦躁与语言共同表演的笨拙**双人舞**中，有两件事值得强调。首先，是忧虑与语言之间的亲缘关系——我们经常**能够**说出我们忧虑的事情，但这一事实不应该让我们误以为忧虑只是语言，或者说它作为语言，很容易进入我们的对话和讨论。诚然，忧虑与语言之间有着密不可分的关系，因为忧虑模仿着逻辑分析的模式，在这个意义上讲，它是**可被**谈论和描述的。但忧虑也绝非语言可以简单"重述"的，忧虑总是他人所能理解的语言之外的东西。

其次，"忧虑"这一精神痛苦总是半逃逸（semi-fugitive）于语言的，这是所有治疗理念的难题。而更宏观地，痛苦与语言之间的关系本就是整个精神健康和精神痛苦领域的一个关键难点。从广义上看，判断精神健康与否，特别要基于外在行为表现。某些诊断给出了大脑中的一些物证，医学界希望能够结合先进的技术做出进一步阐明。但这也存在争议：事实上，物质到底能告诉我们什么呢？比如对"正常大脑"和"强迫症大脑"进行扫描,看起来肯定会完全不同。[1] 但这样的图像化到底能给我们提供什么样的信息呢?美国小说家、诗人西丽·赫斯特韦特(Siri Hustvedt)在《颤抖的女人或我的神经过敏史》(*The Shaking Woman or a History of My Nerves*,2009)中探索过大脑和自我的关系,她一语中的:"(这类)图像究竟传达了什么信息,以及如何去解读它们,仍然大有争议。""一次又一次,我听到科学家质疑这些图像的实际**意义**,又依然经常将它们作为证据。"而且当这些图像进入新闻媒体的视野时,它们已经被"几乎全然略去了围绕着它们的质疑"。[2] 的确如此。这些东西显然成了唯物主义式真理的图像,其诞生时的那些警告、怀疑和不确定性早已消失无影。图像需要用语言加以解释,而精神痛苦无论有没有图像证据,都需要更多的语言去解释。脑内的情况,主要是通过语言,通过谈论来了解。要么图像不可能告诉我们一切,要么压根连图像也没有。并没有扫描图能显示**忧虑中**的大脑到底长什么样子,所以我们不得不**告诉**旁人在我们脑中发生的事,

---

[1] 参见 Davis, *Obsession*, p. 27。

[2] Siri Hustvedt, *The Shaking Woman or a History of My Nerves* (New York: Henry Holt, 2009), p. 33.

我们因此被迫使用语言。和遭受着其他形式精神痛苦的人们一样，忧虑者得到的评估、回应甚至治疗，可能都不是基于其遭受的困扰，而是基于其有多擅长描述它。

看起来，忧虑似乎相对容易用语言描述，这一点不同于其他的精神痛苦。比如抑郁症的体验，一旦用语言描述，就会丢失大量信息，让人明确意识到用语言向听者传达痛苦有多难。发育生物学家刘易斯·沃尔珀特（Lewis Wolpert）在《恶性悲哀：抑郁症的解剖学》（*Malignant Sadness: The Anatomy of Depression*, 1999）中说："一个人除非经历过使他精疲力竭的抑郁，否则很难理解抑郁症患者的感受。"语言该怎么表达这些感觉，我们又该如何解释这些感觉呢？

> 严重的抑郁症是难以形容的，不仅是情绪比平时低落很多，而且是一种颇为不同的状态，与正常情绪几乎毫不相似。应该为它设定一些特殊的新术语，设法概述这种痛苦和对状况无可挽回的确信。我们一定能有更贴切的词去形容这种病症，而不仅仅使用"低落"这样普通的词。[1]

---

[1] Lewis Wolpert, *Malignant Sadness: The Anatomy of Depression* (London: Faber, 1999), p. 1.

比起抑郁症，忧虑更容易说出和写下来。它并不需要创造新词，只是需要更多的词语而已。而且，假如这些词语言不及义，它们至少比那些试图描述抑郁症或"躁郁症"（bipolarity）[1]低潮期的破碎词汇和句法，更能揭示出人们脑中所发生的事情。那样，我**多少**能理解是什么令你忧虑，语言和痛苦在此处的关系就更加紧密了。

忧虑，就我目前所定义的，是一种对**不确定的未来**的**恐惧**。它几乎总是一种有关安全的问题的不同版本（有时就是实实在在的安全问题，比如那扇恼人的后门）。忧虑**不同于语言**，但又和语言有着**密切的关系**——相较于其他可诊断的精神障碍来说。通过其最具特色的形式，忧虑可以很好地用语言来**表达**：它是有关未来的**一系列问句**，由此能产生出许许多多想象中的**因果链**。忧虑讲的是在忧虑者看来**显得合理**的事，而在这个意义上，它是在预设前提下运作的一种逻辑形式，这种逻辑形式无法对自己的逻辑给出符合逻辑的反应，但善于为忧虑者回到焦躁之中编造合理的理由。忧虑通常是**循环的**，而且能够和**其他事情一起**在忧虑者的脑中同步发生。忧虑经常如此。

---

[1] 关于此词的论述，参见 Kay Redfield Jamison, *An Unquiet Mind: A Memoir of Moods and Madness* (New York: Knopf, 1995)。

忧虑，正如我讨论的这般，是正常生活的一部分，正常生活也**为**忧虑提供了内容。对此我不该含糊其词。我也说过在正常情况下，临床医学对于忧虑是不大感兴趣的。人们因为有令他们忧虑的事情而去看医生，但其中有多少是因忧虑本身去的呢？"医生，你能帮助我停止忧虑吗？""你到底在忧虑什么？""没什么，我就是忧虑，我想治好它。"忧虑的通常表现并非一种病理状态，没有药片可吃，没有药膏可抹。我也不相信此时此刻正有人因为自己是普通忧虑者而躺在医院病床上。

精神健康专家对忧虑并没有一个通用的分类方法（虽然我可以想象，他们给很多病人［可能包括我］的诊断说明上，都会潦草地写着"有一点忧虑"）。当然也有失控的忧虑：既然有普通的忧虑，那么就有超出普通范围的忧虑。过度的忧虑可以支配忧虑者的生活，让他几乎无心再做其他任何事情。这是一种极为严重的症状，是一种**确实**收入DSM-5中的精神疾病——"急性焦虑症"（Acute Anxiety Disorder）。那种令人精神衰弱并极度恐惧的痛苦状态，是普通忧虑的怪诞变形。我所关注的忧虑并不是正常生活的完全反面，也绝不是正常生活的天敌。**我的**忧虑大多是与正常生活同步进行的。它当然不会让生活变得轻松，但也绝不会让生活受到阻碍。

顺便一提，**因忧虑**而忧虑也是完全可能的，比如为忧虑**将**阻碍正常生活而忧虑。埃米莉·科拉斯（Emily Colas）在自传《检查一下而已：强迫症的日常生活场景》（*Just Checking: Scenes from the Life of an Obsessive-Compulsive*, 1998）中诙谐地描述了"普通"忧虑和强迫症之间的区别，以及从前者到后者的转变过程。这本书让经常或持续忧虑的读者感到不安，也让我为自己可能变成**这类**忧虑者而忧虑——要是我纵容自己的话。在20世纪早期书写忧虑的作家看来，忧虑是滑向精神崩溃或可怕的心理问题的第一步，就像滴酒不沾的人有时会倾向于认为，一个人喝了一杯葡萄酒就会最终发展到每天喝一瓶烈酒，从此只能醉生梦死、生活潦倒。其实《检查一下而已》差点就要说服我，让我相信它说得有点道理而放弃自己的判断。令人忧虑的是，科拉斯所说的忧虑的初始模式与平常的隐秘恐惧相去不远。作者在饭店里为一个贴着创可贴的服务生而焦躁，觉得会有不好的、怪异的事情发生在她头上。她丈夫试图通过询问服务生的伤势让妻子停止忧虑，而服务生说他的伤口是在帮朋友搬家的时候擦伤的。科拉斯写道：

> 我看着丈夫，并不信服："要是他在撒谎呢？要是他试图掩盖可能会传染我们的事实？"

"他看起来是一个很诚实的人。"丈夫答道。

"我想知道这是多久之前发生的事。"

这是我当时的想法：如果这个伤口是好几天前的，那现在可能已经结痂了，不那么危险。但如果这个伤口是最近的呢？可能它现在还在往外渗液，谁知道呢？"问问他……"我打住了。我忽然意识到，我在这方面有特别的天赋。我拥有让忧虑无止境持续下去的能力。[1]

这种能力变成了一种摧毁力。科拉斯从这种轻微的强迫性焦躁逐渐滑向了严重症状，主要因清洁卫生而起。她的生活逐渐被她过度的检查、忧虑和吸尘清理占满，最后只能依靠药物来缓解。这是一个极端的例子，但对普通忧虑者来说，若非意志坚定，就会不寒而栗，意识到在自己的日常生活中，我们也多少拥有让忧虑持续下去的能力。我们可能也会步她的后尘……

幸运的是，大多数时候，普通忧虑者只是一如既往，不会好转但也不会恶化。我们面临的更多是小麻烦，**不会变成科拉斯那样**。尽管典型的忧虑是由最初的恐慌引发的

---

[1] Emily Colas, *Just Checking: Scenes from the Life of an Obsessive-Compulsive* (New York: Pocket Books, 1998), p. 33.

一系列问题，但忧虑也可能以更简短的形式呈现。当忧虑隐约出现，只是局部地振动，而并没有成倍增长的时候，它便更接近于日常状态。这类忧虑作为一种不会持续太久的痛苦形式存在，很容易被其他事情分散。它们是一些典型的暂时性忧虑，如同敲击、拍打和刺痛一般，微小而短暂：我把钱包放哪儿了？冰箱里的牛奶喝完了吗？我早上寄出去的信是否贴了邮票？它们不过是忧虑者生活模式或生活质地的一小部分——来了又去。尽管这些念头见诸文字就像普通人的日常想法，看起来无足轻重，但它们也会将忧虑者带往更黑暗、更失控的状态中。这些小小的念头并不中立，也并非无关情绪，它们在脑海中飞过，像麻雀飞过大厅一般。它们还往往伴随着一种沉闷的不安感、一瞬间的轻微恐慌、一阵真切的忐忑，以及几秒短暂却真实的心跳加速。哪怕是再微小的忧虑都能对忧虑者造成伤害。

在界定忧虑之前，我们需要明确另一件事。忧虑是一种痛苦，且通常是没有明确终点的痛苦，因为，一旦某种忧虑被推翻（"哦，谢天谢地，我**确实**把门锁上了……"），不久之后又会出现新的忧虑（"……但明天的会议怎么办？"）。本书试图讲述忧虑的历史，并不是为了消除痛苦，或假装它根本不存在，也并非试图表明忧虑"只是"文化的产物，而不是脑中真实萦绕的苦楚。

……虽然我多么希望是如此……

忧虑**一**直都伴随着我们吗?抑或它只是并不总以这个名称出现?忧虑似乎天然地是我们当今生活的一部分,是西方世界21世纪精神生活的一部分。但其实,它是逐步演变成这种现代形式的,它有自己的背景故事。而且起码在我看来,其实有好几个版本。虽然不能同时讲述所有关于忧虑的历史,但若没有其他历史的补充,每一种历史都是不完整的。和忧虑本身一样,忧虑的历史也是分层次的:因为有不同种类的忧虑,所以其对应的历史也不尽相同。忧虑的历史与多种因素相关,包括思想史、医学史的发展,发达资本主义的产生,以及我们对神学的理解和对"自我"及其私密性的认知发生的巨大变化。忧虑的历史属于人类自我的历史和人之所以为人的历史。它是我们过去最广泛的历史的一部分,但我们仍缺乏足以将这些材料整合在一起的关键方法。这些历史让读者得以窥见一些关于当代生活,以及我们与造就了现代人类的那种力量之间关系的重要问题。正如下文将提及的,忧虑的历史关乎现代世界的结构,关乎人类对据以做决策的准则之理解的转变,关乎西方社会如何从宗教一步步转向世俗,关乎信仰的颠覆和转移,关乎我们所相信之物,以及信仰所能成就之事,关乎蓬勃发展着的、被深深误解并被高度政治化的人类"自由"之概念和"选择"之重要性。如此种种，形成一股合力，作为外力影响着人类的心灵内部。

它们共同塑造了**我们当下的忧虑方式**。

然而，忧虑也有"地方史"和"简史"。这就是"忧虑"一词起源的故事：它如何进入话语，出现在写作中，又如何成为人们描述生活状态的一个常用标签。作为人类精神状态的一种，忧虑的历史可以溯至人类意识产生之时，但它首次以我们今天所熟知的词形出现，则是在维多利亚时代。

要说在 19 世纪之前人类没经历过**类似忧虑的感受**，这当然是不可能的。本书第二章会对该问题进行更为详尽的探讨。穴居人会为躲藏在岩石背后的剑齿虎而"忧虑"吗？巨石阵的工匠们会为他们没能准确摆放石头的位置而"忧虑"吗？法国士兵会在 1415 年 10 月 25 日的阿金库尔村庄战役前夜，担心战争的结局吗？很难想象他们没有。但若要把过去人们的感受和思维方式准确地对应到当代，恐怕很难做到。人类主体的历史太过复杂庞大，以至于难以理解。那些对于我们这一代人来说看似"忧虑"的状态，可能只是我们把自身的存在方式简单地强加到过去与我们不同的存在方式、感受方式和行使主体性的方式上了。

对当代读者来说，犹太教和基督教的《圣经》中描述的一些心理状态**或许**看起来就像忧虑,虽然我们无法百分百肯定那些就是忧虑。例如钦定版《旧约·列王纪上》20:43 描述道:"于是以色列王闷闷不乐地回到撒玛利亚,进了他的宫。"(And the king of Israel went to his house heavy and displeased, and came to Samaria.)"闷闷不乐"里可能包含了一些忧虑的成分? 1966 年美国圣经协会翻译的易读英文版《福音圣经》(*Good News Bible*)的译者显然是这样认为的。在《福音圣经》中,这一句被如此转译:"王忧虑而沮丧地回到在撒玛利亚的宫中。"(The king went back home to Samaria, worried and depressed.)"忧虑而沮丧"的王一下子显得与当代人非常相似了。《新约》中,耶稣在面对门徒的时候,也可能谈论着一些类似于忧虑的事情,钦定版《新约·路加福音》12:22:"所以我告诉你们:不要为生命考虑吃什么,为身体考虑穿什么。"[1](Therefore I say unto you, Take no thought for your life, what ye shall eat; neither for the body, what ye shall put on.)这里的"考虑"可能就是一种忧虑? 同样地,《福音圣经》也是这样认为的:"所以我告诉你们,不要为活着所需的食物忧虑,也

---

[1] 本段的钦定版《圣经》译文均引自和合本,"考虑"一词原即译作"忧虑",在此应本书文意调整,以示区别。——编者注

不要为身体所需的衣服忧虑。"（And so I tell you not to worry about the food you need to stay alive or about the clothes you need for your body.）在《福音圣经》中，"忧虑的"（worried）出现了三十三次，"忧虑"（worry）出现了五十一次。但在钦定版中，这两个词都没有出现过。

不过，新发明的词语总是难以描述旧概念。《福音圣经》和钦定版《圣经》的区别是语言的变化或概念的迁移吗？二者的用词，与活跃在使用希伯来文的《旧约》作者、使用希腊文的《新约》作者头脑中的概念，又是什么关系？如果对于当代读者来说，"忧虑"一词可能更为受用，我们则很难判断在某个遥远的历史时期，关于忧虑的观念和经验能在多大程度上为当时人所理解。毕竟，要去追溯一个概念的发展是非常困难的。

但追溯一个词的发展，至少还不算太难。

在维多利亚时代之前，英语中就已存在"worry"这个动词，但是它的意义与现在却大不相同。"worry"作为动词，指的是掐或勒的动作，令人或动物受苦。它意味着对身体的侵扰行为，有时甚至会致死。通观莎士比亚所有的戏剧和诗歌作品，也只用到过一次这个词，就是指这个意思。那一幕发生在他那部伟大的、愤怒的、恶作剧式的、带有宣传性质的、为都铎王朝摇旗呐喊的作品《理查三世》

（*Richard III*，1592—1593）中。悲惨的第四幕第四场中，王后玛格丽特将理查王的劣迹给人类造成的后果加以戏剧化，将这位国王比作"地狱猛犬"：

> 他张牙舞爪，扑住羔羊，撕咬（worry），舐吮着他们宝贵的血。
>
> （《理查三世》第四幕第四场）

猛犬撕咬羔羊，比喻的是维多利亚时代以前的"撕咬者"国王。直到今天，这个词意仍在使用。小狗仍会"撕咬"骨头，若是在乡间没有拴住它们，它们有时也会撕咬羔羊。但在莎士比亚颇具影响力的洞见中，理查三世邪恶地将活生生的人"撕咬"进坟墓。

在可以溯源的书面语（例如在历史字典中用作例证的那种）中，一个词的出现究竟能在多大程度上超前于或产生自其在常见口语中的使用，而这一使用的确立业已无从考证？一个词的出现又能在多大程度上超前于或产生自它所形容的**概念**本身呢？据我所知，"worry"一词的书面意义从莎翁时期的含义到现代意义的转变大约发生在19世纪中期以后，差不多是莎士比亚死后二百五十年。在小说家安东尼·特罗洛普的小说《巴塞特的最后纪事》（*The Last*

Chronicle of Barset，1867）中，这个词正在转变为其现代意义。该小说讲述的是被诬告为窃贼的贫困牧师乔赛亚·克劳利的感人故事。这是关于（我们现在称之为）"精神疾病"的重要小说，虽然这一点并非我们现在所讨论的重点。小说中，罗伯茨先生是弗莱姆利教区的牧师，在一次外出拜访时，迫不得已在天气恶劣时将马拴在户外。这绝非易事，他并不喜欢把马拴在外面。回想起在较早的小说《弗莱姆利教区》（*Framley Parsonage*，1860—1861）中提到的一匹昂贵的马的故事，特罗洛普的小说叙述者说：

> 他现在不止有一匹马了。有些人认为这会令他本来舒适稳定的生活开销变大，因此这是令人苦恼的话题，他对此也有些忧虑（worried）。[1]

由此可见，罗伯茨先生被一个念头困扰着——他意识到了批评并可能感到些许内疚。"忧虑"表明了问题的存在。"话题"会从外界**冲**他而来，就像野餐时黄蜂来袭。那个问题进入他脑海**里**，四下里嗡嗡作响。因某个念头而忧虑

---

[1] Anthony Trollope, *The Last Chronicle of Barset* (Harmondsworth: Penguin, 1986), pp. 222–223.

就是这样。

往前倒推七年,约瑟夫·E. 伍斯特(Joseph E. Worcester)在波士顿出版的《英语词典》(*A Dictionary of the English Language*,1860)中,对于"worry"这一含义在变化的词给出了不同解释。他认为在口语中,"worry"的意思是"让自己沉溺于琐碎无聊的抱怨中;感到焦躁;烦恼"[1]。从"沉溺"一词可以看出他强烈的不认同:伍斯特在它的背后摇晃着食指。但无论怎样,"worry"这种有关**焦躁**的含义,已不同于莎士比亚笔下的理查三世对隐喻性的羔羊的身体上、字面上的"撕咬",它出现在心灵中,像罗伯茨的烦恼那般。忧虑在此时已经离开原野,进入了我们的脑中。[2]

整体而言,19世纪的心理学最关注的便是疯癫(madness)。在我看来,正是忧虑使得心理失常成为众人讨论的话题,有时甚至招致骇人的残酷治疗。早期对人类

---

[1] Joseph E. Worcester, *A Dictionary of the English Language* (Boston, MA: Hickling, Swan, and Brewer, 1860), p. 1683.

[2] 《牛津英语词典》(*Oxford English Dictionary*),电子版,"worry"词条:"使心灵痛苦;因精神疾病或情绪激动而苦恼;使焦虑和不安。主要指起因或情况。"最早使用日期为1822年。在诺亚·韦伯斯特的《美国英语词典》(*An American Dictionary of the English Language*)中,"worry"仅被定义为"骚扰,疲惫"(New York: Converse, 1830, p. 934)。

心灵的阐释运用了颅相学（phrenology）——认为头颅的形状表明了大脑的特征，从而也表明了个体性格——但没有讨论低程度忧虑这个话题。1828年，颅相学泰斗乔治·库姆（George Combe）提出，如果不加控制，"对赞许的热爱"有时就会导致"担心他人看法的焦虑不安"。另外，库姆甚至还认为人类和其他动物的区别之一就在于人类有着"（对未来）无穷无尽的焦虑和沉思"。[1] 但颅相学模型还是没有为忧虑和焦虑不安的本质提供有效或可供拓展的解释方法。毕竟在那时候，颅相学的主要目的并非描述现代社会所谓的内在生活。它更注重的研究方向是人类的个性特征而非个体意识，更感兴趣的描述对象是人类行为的"类型"，而不是个体脑中的感觉。

随着"worry"一词逐渐以这种新的含义为人们所熟知，它在维多利亚末期开始进入有关人类生活的虚构作品之中。对人的内心世界尤为感兴趣的小说家们，开始尝试去具体描述它。在拉迪亚德·吉卜林（Rudyard Kipling）的第一部悲剧小说《光之逝》（*The Light that Failed*，1891）中，饱受磨难的主人公迪克·赫尔达说："我只是对一切都感到有

---

[1] George Combe, *Elements of Phrenology*, 3rd edn (Edinburgh: Anderson, 1828), pp. 55, 193.

一点忧虑。"[1] "**对一切**"的忧虑，这种不精确含有何等沉痛的反讽。这种状态更可能是一种低程度的抑郁。但在19世纪末的小说中，有一些我能斗胆称之为"忧虑小说"的作品，主要描述了陷入财务危机和家庭矛盾的普通生活，这些小说中的忧虑尤其与经济困境紧密联系在一起，就好像忧虑只是生计困苦、迫于谋生的一个特殊产物，是紧张的公共需求竞争和心理不安全感之间问题丛生的关系的产物。

有时，忧虑不仅**存在于**小说中，更**关乎**小说本身。乔治·吉辛（George Gissing）的作品《新寒士街》（*New Grub Street*，1891）是一部有关无名小卒生活的著名小说，它讲述了为什么对于作家来说，诚信和正直并非成功的保证。小说的主要人物之一爱德华·里尔登是一个忧虑重重的作家，他十分苦恼于别人认为他的人生不成功。书中如此描述这个苦苦挣扎的小说家："此时里尔登的小忧虑之一，就是怕突然收到一篇有关《玛格丽特之家》的评论。"《玛格丽特之家》是里尔登的小说。在他的预想中，遭到差评是可怕的打击：

---

[1] Rudyard Kipling, *The Light That Failed* (London: Macmillan, 1891), p. 87.

> 自从第一部小说出版以来,他就尽可能避免去了解批评家对自己的评价,神经质的性情使他无法承受读评论时的不安。因为这些评论再怎么拙劣,都会为众多没有判断力的读者定义某个作者及其作品。[1]

这是对小说批评家的尖锐指责,他们不仅能破坏一个人的名声,更能破坏其内心的平静。除此之外,这里也承认了一种"神经质"的紧张状态,那种由批评诱发的身体颤抖。这个有着"神经质的性情"的作家发抖的形象,就是对新的忧虑者描绘的开端。并且,乔治·吉辛沮丧地说,对于主人公里尔登来说,评论带来的困扰只是他的小忧虑之一。

忧虑逐渐渗入对现代生活的虚构文学表现中——它常常与新的城市和郊区生活,与现代人的工作压力有着千丝万缕的联系。反过来,忧虑的话题也开始大量出现在新兴的心理自助书上。这类书籍的兴起源于 19 世纪中叶的一种观念,认为个人(主要针对中下阶层)有**责任**自我改善:自我教育、充实知识储备、获取新技能、提升自己的能力,

---

[1] George Gissing, *New Grub Street* (Harmondsworth: Penguin, 1985), p. 239.

是在道德上正直、在经济上谨慎持重的个体的一般义务。塞缪尔·斯迈尔斯（Samuel Smiles）的《自助》（*Self-Help*, 1859）对于这种通常流行于中下阶层的信念而言，可谓是里程碑式的著作。不知不觉地，这一书名在现代自助书中广为沿用，虽然它们的关注点并非自我改善的**责任**，而是减轻负担——来自充满烦恼的生活中的失败和不幸——的**好处**。

第一次世界大战后，这类自助书盛行一时。它们热衷于帮助那些忙碌的读者应对他们的问题。而当忧虑开始出现于书架上，它就再也下不来了——这真是讽刺。早先，威廉·S. 萨德勒（William S. Sadler）就在《忧虑和紧张，或自我掌控的科学》（*Worry and Nervousness or The Science of Self-Mastery*, 1914）中思索了如何停止忧虑。该书认为："**长期的恐惧－忧虑**是一种纯粹的精神状态，其特点是一旦注意力固定在某一点上，就无法放松——这通常是某种持续受招待的（entertained）恐惧。"[1] 在此处，"受招待的"一词显得古怪迷人，就好像忧虑被故意邀请去一场令人坐立难安、瑟瑟发抖的聚会，席间所有的饮料都洒了一地。

---

1 William S. Sadler, *Worry and Nervousness or The Science of Self-Mastery* (London: Cazenove, 1914), p. 5.

萨德勒认为忧虑很可能是精神疾病序列中的一环，长期忧虑是走向严重精神疾病的一步。一旦开始焦躁，你就置身于某根滑杆之上，而它的底部是精神崩溃——除非你能够控制住自己，实践"自我掌控的科学"。这是一个令人精神一振的见解，尽管正如前文所说，忧虑会导致精神疾病的观念在之后变得司空见惯。把忧虑牢牢圈进既有的"精神健康"分类中，而不是采用更复杂、苛刻、散乱的概念来界定"精神健康"——这种想法的确难以抗拒，好像这么做容易得多。这种从忧虑滑向病态的情况，促使许多早期书写忧虑的作者写出了介于安抚和威胁、心理学和神学之间的散文。

海登·布朗（Haydn Brown）的《如何避免忧虑》（*Worry, and How to Avoid It*，1900）很典型，它建议读者在忧虑变严重前，通过思考自救。这里似乎能听到古老的斯多葛学派的幽幽回声。布朗提到了天花疫苗发明者爱德华·詹纳（Edward Jenner，1749—1823）：

> 伟大的詹纳发现，在某些情况下，轻微的疾病是可以预防大病的，他为希望避免患上天花的人接种疫苗。忧虑应该以同样的方式处理：应进行减毒的精神锻炼（attenuated mental exercise），这样一来，受扰的

大脑就得以解毒，受到正面的影响。[1]

大脑可以用自身的强项去对付自己的弱点。但这究竟意味着什么呢？在这里，有关"大脑"可能是什么的问题，出现了奇怪的观念融合，或者说混淆。布朗用天花疫苗作比喻，多少在暗示忧虑的麻烦是肉体上的，它与大脑的某种物质状态有关，就如天花一般是一种生理性的、可观察的、物质的状态。"减毒的精神锻炼"使用了通常用于实体事物的形容词，并再一次暗示了这类锻炼有助于培养类似肌肉一样实实在在的东西。然而，布朗讨论的仍是"精神"的领域，而不仅仅或几乎没有涉及身体的领域。

当时忧虑这种新状况看起来已成为大西洋两岸所公认的一种心理状态，采用心理控制来应对这类心理问题是最常见的解决办法。美国医生乔治·林肯·沃尔顿（George Lincoln Walton）在那本振奋人心的《为何忧虑》（*Why Worry*，1908）中，认为培养自我控制可以"减轻我们的忧虑"。自我控制可以帮助忧虑者"更自如地应对周遭的环境，这样一来，不仅能使我们成为他人更理想的伙伴，还

---

[1] Haydn Brown, *Worry, and How to Avoid It* (London: Bowden, 1900), p. 37.

直接有利于我们自己的健康和福祉"。[1]这里又响起了斯多葛主义的回声。若我们能在精神上压制忧虑，且不论别的，我们肯定能交到更多的朋友，周围的人也不用倾听忧虑者那么多单调无聊的倾诉。沃尔顿尝试推动一种新的思维方式来应对精神焦虑，他使用的术语直到今天仍被心理治疗和认知行为疗法所沿用。在他看来，非理性的思维方式（即"忧虑"）是可以被理性的生活哲学战胜和治愈的，这个假说体现了一种用理性"治愈"忧虑的伟大自由主义希望。他的治疗方法基于一种坚定的信念，即头脑易受逻辑的强烈支配，因此，若依凭理性行事，我们就能免受忧虑之苦。[2]

有时，自我控制的信念又与有关罪过（transgression）的神学相结合。忧虑此时不再是精神健康问题，而可以依靠对上帝的笃信击退。美国"新思想"（New Thought）的信徒奥里森·斯威特·马登（Orison Sweet Marden，1850—1924）在那本一度声名大噪的作品《有志者事竟成，

---

[1] George Lincoln Walton, *Why Worry?* (Philadelphia, PA: Lippincott, 1908), p. 13.
[2] 约翰·理查德·奥伦（John Richard Orens）的文章中也曾讨论过这个问题，参见"The First Rational Therapist: George Lincoln Walton and Mental Training," 4 (1986), pp. 180–184。

及有关成功生活的其他论文》(*He Can who Thinks He Can, and Other Papers on Success in Life*, 1911) 中认为，忧虑者只须更加笃信神的仁慈和指引。马登在《征服忧虑》(*The Conquest of Worry*, 1924) 一书中，引用了《新约·使徒行传》17:28："我们生活、动作、存留，都在乎他。"他接着说："若我们屈服于微不足道的恐惧，我们会令神圣意志失望。"[1] 马登所建构的人格神的概念——认为上帝知晓并评判每个人的每个想法和感觉——将忧虑转化成了一种罪。忧虑就是对由上帝照看的未来心存怀疑。忧虑将人类对于未来的理解（或缺乏理解）置于上帝全知全能的智慧之上。

关于忧虑史，接下来要谈的这个部分涉及 20 世纪早期确立的一个病症标签，而对这个标签的使用很快就无须任何掩饰。在该阶段，忧虑这一概念的污名仍未除去，仿佛约瑟夫·伍斯特仍在摇晃食指以表告诫。反过来，那时对"忧虑"的治疗不仅有助于个人摆脱困境，更涉及道德甚至明确关乎基督教的尊严。无论如何，20 世纪早期的其他作者并非只是关注忧虑者的个人心理状态，他们所关注的问题，既不局限于具体某个人的困扰，也些许不同于人与上帝的

---

[1] Orison Sweet Marden, *The Conquest of Worry* (London: Rider, 1924), p. 7.

关系。这些书写忧虑的作者想要提供的良方,不为医治个人,而为医治这个新的20世纪。忧虑不仅处在当下,它还构成了当下。此时此地,忧虑属于人类文化的一个特定阶段。

1908年,乔治·林肯·沃尔顿坚称,忧虑是"时代的疾病"[1]。他并不是指忧虑是那个时代最受瞩目的"疾病",具有独特的文化能见度,甚至是奇特的流行性,他的意思是忧虑是这个时代产生的"疾病"。这个观点显然隐隐预示了"生物文化"。沃尔顿是哈佛医学院兼马萨诸塞州医院的神经学家,但他的观点不过是重复了一项更加宏大的研究的标题,该研究将这个大胆的断言作为对现代生活的主要诊断。早年研究遗传学的学者凯莱布·威廉姆斯·萨利比(Caleb Williams Saleeby,1878—1940)医学著述颇丰,其中那本被直白命名为《忧虑,时代的疾病》(*Worry the Disease of the Age*)的作品提到,他发现对于理解当下,忧虑可谓是令人震惊甚至尴尬的线索。该研究于1907年发表,因清晰地抓住了**时代精神**的某些特征而多次再版。萨利比认为,当今时代可能是"人类历史上迄今为止最伟大的(时代)"[2],却被忧虑者破坏了。

---

[1] Walton, *Why Worry?*, p. 17.

[2] C. W. Saleeby, *Worry the Disease of the Age* (Cambridge, MA: Smith, 1907), p. 1.

现代英美都市生活的旋涡是罪魁祸首。人们需求过多，时间太少，期望过高。他们所置身的城市，过于拥挤，节奏太快，它飞速发展，日新月异。生活中充满令你焦躁的时刻。时间具有了新的价值：时间就是金钱。仅仅为了准时**上班**，也须协调火车、汽车和电车的时间，依循现代生活新的时刻表。工作日被需求和嘀嗒作响的时钟塞满了。竞争力成了定义新的城市生活的词语，虽然它令人精疲力竭。萨德勒认为"'美国气质'或高压生活"可以作为忧虑的另一种说法。[1] 萨利比认为忧虑不仅是忙碌、高压的国家所特有的问题，更是用脑过度的发达国家的问题。他还大言不惭地说，西班牙人、希腊人、意大利人就没有忧虑问题，因为他们太闲散，也不费神思考，而英国人和美国人在演进的路上走得更远，一直凭智慧谋生，所以难怪他们会忧虑。

暂且撇开这些冒犯性的言论不谈，现代城市是忧虑滋生的地方，这种观点似乎非常合理，无可辩驳。高压是强力，但也可能致命：新机制产生的力量可以使产能加倍、效率提高，但也是这种力量在人的头脑中积压，引发中风

---

[1] 见萨德勒《忧虑和紧张，或自我掌控的科学》第九章标题。

和瘫痪。忧虑不仅与高压有关，也与低压、能量耗尽和萎靡不振有关。忧虑使生命枯竭。伴着忧虑，生命在模糊的焦虑中流逝，这种焦虑并不带来成果，只带来破坏。英国诗人奥登（W. H. Auden，1907—1973）在短诗《某晚当我出去散步》（"As I walked out one evening"）中就是这么认为的。他设想了忧虑如何成为现代生活的一部分，并对此感到十分厌烦。当生命在不满和琐碎的麻烦中，在无法使人保持热情和渴望的、令人筋疲力尽的事务中虚度时，忧虑定义了我们是谁，或者很可能会成为什么。奥登写道："苦于头痛和焦虑／生命似乎渐趋黯淡。"[1]这个诗句令我同时产生了两个想法。其一是："啊，是的，多真切啊，奥登对日常生活的看法是多么透彻。"同时，我也在想："不！我**一定不能**让生活变成这样，我一定要不枉此生！"奥登的话对我有一种吸引力，让我先是相信，而后抗拒那种想法，即我可以沉浸在忧虑中，卸去自己这一生奋发努力、获取成功的责任。头痛毕竟是逃避各种事务的常用借口。伴随着这迷迷糊糊的"茫然"，他的诗句以一个观念逗乐了我：忧虑可能是一种类似于假期的东西。

---

[1] W. H. Auden, *Collected Poems*, ed. Edward Mendelson (London: Faber, 2007), p. 134.（相关译文引自马鸣谦、蔡海燕译本［上海译文出版社，2014年］。——编者注）

不幸的是，在第一次世界大战之后，忧虑就已经在西方站稳了脚跟。焦虑地等待敲门声、电报，军官或牧师的来访等事件，将忧虑带到了家里，而且频繁得可怕。信息的匮乏、前线状况的不明朗、通讯的风险、危险和破坏——这一切让忧虑疯狂滋长，更不用说那些亲身战斗的士兵了，他们的忧虑可想而知。也难怪一战中风靡一时的行军进行曲《把烦恼打包》（"Pack up Your Troubles"，1915）会有如下令人难忘的唱段：

> 把烦恼打包，一股脑装进旧行囊里，
> 然后笑一笑，笑一笑，笑一笑吧，
> 当你有火柴来把烟点起，
> 笑吧，兄弟，就得这个范儿啊。
> 忧虑有啥用？
> 从来不值得，所以啊
> 把烦恼打包，一股脑装进旧行囊里，
> 然后笑一笑，笑一笑，笑一笑吧。[1]

---

[1] 由乔治·阿萨福（George Asafu）作词，费利克斯·鲍威尔（Felix Powell）作曲。这首歌由查普尔音乐公司（Chappell & Co.）于 1915 年在伦敦发布。

显然，这里的说法跟马登相似，坚信对生活乐观积极的态度能战胜毫无根据的忧虑。而只有在这里，在战场上，忧虑几乎都不是毫无根据的。只有在这里，忧虑没有什么**用**，令人忧虑的事情却多得惊人。

当我们远离战壕，忧虑是不是就变得有点**诱人**？或许20世纪初那些关于忧虑是当代城市生活、"高压生活"、现代化的特殊产物的说法，隐含着一种淡淡的魅力。1913年，就在第一次世界大战之前，伦敦皇宫剧院上演了一部名为《我应该忧虑》（*I Should Worry*）的喜剧。很明显，它在试探这种新的境况是否具有真正的流行性，是否能吸引观众消费。《时代周刊》的评论员在看完该剧的第二天早上说："凡事自有其时令，而昨晚观剧中的种种迹象表明，《我应该忧虑》的时令已然到来。"[1] 这是就伦敦的品位来说。但近乎滑稽的是，该评论将忧虑的可见性描述为一种流行，一种"当季"的情绪。

战争带来的忧虑并不具有上述魅力。但20世纪早期的

---

[1] *The Times*, Tuesday, August 12, 1913; p. 13; Issue 40288; column D. 我不清楚这部戏是否基于 L. 沃尔夫·吉尔伯特（L. Wolfe Gilbert）的《我应该忧虑》（*I Should Worry*, New York: Harry Von Tilzer Music Publishing, 1911）。

忧虑史，部分就是关于忧虑在以快乐、流行和现代感为目的的艺术作品中的呈现。忧虑"简史"的最后一部分内容——日常忧虑在日常语言中的出现——讲的是忧虑如何更彻底地渗入了文学语言，用以在虚构作品中探究复杂的人类意识。在 19 世纪末的现实主义小说中，已出现对忧虑的书写；而到了 20 世纪初，特别是在现代主义作家的笔下，内在的忧虑得到了更为充分的展示。尤其是通过内心独白，忧虑书写展现了引人入胜的私人心绪。除了现身于自助书和战争经验，以及字典里的定义和所谓疗法，忧虑还悄悄探入创造力的高端领域。

就文字艺术——如诗歌、戏剧、小说——而言，如何用文字充分地诠释忧虑始终是一个难题。忧虑很难有趣，可能一直索然无味，它从来都和单调无聊为伴。忧虑很少通过视觉形式呈现，就我所知，20 世纪初的电影院并非忧虑的天然归宿。一般而言，忧虑并不戏剧化，只是令人厌倦的单调循环。在忧虑中，未必有发人深省的启示和**发现**（anagnorisis）的时刻，也没有戏剧性的变化、揭示或救赎场景。萨德勒说："忧虑很少能在顺其自然中自愈。"而且，若任其发展，忧虑一般只会不断返回自身。"（忧虑）很快会在大脑和神经系统中打磨出一个明显的沟槽，周而复始地恶性循环,以便让自己永存。"他进一步说道:"忧虑会缓慢但确实地增加强度,进而对身心的康宁造成与日俱增的破坏力,这一点几乎毫无例外。"[1] 顺着恶性循环模式发展的忧虑,会破坏平静,使精彩的情节无从发生,对于创作想象性作品的作家来说,它并不算一个能增强作品可读性的主题。然而,哪怕最古怪的话题也可以在合适的环境下创造出有趣的故事。在20世纪初,这个可能很无聊的话题却备受现代主义作家青睐——真是怪事。原因说来看似矛盾:对他们来说,一些最有趣的人物形象的忧虑,恰恰能表露其敏感甚至备受困扰的人性。

忧虑当然是文学**表现**的**主题**和问题。毋庸置疑,在20世纪早期,哪怕作者并非现代主义作家,其笔下的人物也都饱受忧虑之苦。拉尔夫·肯特·巴克兰(Ralph Kent Buckland)的短篇小说《忧虑》(*Worry*, 1914),描绘了一幅心怀忧虑的美国女人的肖像。这是对这种新近被贴上标签的精神痛苦的大胆探索。巴克兰笔下的主人公为家具的状况而焦虑:

---

[1] Sadler, *Worry and Nervousness*, pp. 65–66.

西姆金斯夫人……心无旁骛地坐着，专注地沉思。她深深地投入到某种精神体操中——这套体操早已深入美国人的心中，名字叫作"忧虑"。随着椅子向后摆动，她停了下来，冒险保持这个姿势，整个身体的重心落在摇椅的后端，那双宽大的脚则搁在坐垫上以保持身体的平衡。她在均衡的前后摇摆中暂停一刻，仿佛为了更好地消化吸收脑中模糊不清、一知半解的东西。

客厅下方的前地下室（尽管房子很小，地窖还是被隔成了一个个房间）中，有足够的证据证明，这样试图打断摇椅的稳定摆动从而破坏其正常运作，是有风险的。在前地下室里，有一把约翰曾经最喜欢的摇椅，是在他们刚搬进不久做家务的时候不小心弄坏的，其中一个长长的弧形摇杆在靠近框架的地方断裂了。毫无疑问，这把椅子还要在这地窖中躺上一阵，待其被修复到原来又美又实用的样子。但这个家庭一直被某些金钱上的烦恼困扰着，顾不上将修补破损家具纳入计划。[1]

---

1 Ralph Kent Buckland, *Worry* (Boston, MA: Sherman, French, 1914), pp. 2–3.

西姆金斯夫人对于"某些金钱上的烦恼"——这是个不错的说法——的焦虑，萦绕在那堆破损家具周围，而那把摇椅的前后摆动，仿佛就象征着此刻她的心灵在烦恼中摇摆——虽有能量却无进展，虽有努力却无进步。

在大西洋两岸，忧虑这一主题在那时的小说中大放异彩，尽管彼时忧虑还不常作为整个故事的文学主题。英国现代主义者和女性主义者弗吉尼亚·伍尔夫一直对"精神健康"这一话题非常感兴趣。二战爆发两年后，她自己因精神崩溃在乌兹河自沉。她的小说中到处都是深受困扰的主人公，尤其是《达洛维夫人》（*Mrs Dalloway*，1925）中可怜的塞普蒂默斯·沃伦·史密斯，他饱受一战的创伤，最终也选择了自杀。但除此之外，也有状况没那么严重的人物——忧虑者。伍尔夫小说中有一些内在生活焦躁不安的人物，她运用"内心独白"的叙事方式，让读者产生了直接进入人物内心的错觉。《到灯塔去》（*To the Lighthouse*，1927）是现代主义小说中最受欢迎的作品之一，它带读者深入忧虑——人类心灵中最扰人的同伴。书中的人物拉姆齐先生的精神世界绝不轻松。他的原型一半出自伍尔夫声名显赫的父亲史蒂芬爵士（Sir Leslie Stephen，1832—1904）。史蒂芬爵士曾写过一部阴郁的《陵墓书》

(*Mausoleum Book*),该书就是有关严重精神痛苦的文学作品。[1]拉姆齐先生是作家、父亲、丈夫、自恋的人、学者——以及忧虑者。他就像吉辛笔下的主人公那样,特别为自己的作品忧虑。这无疑**就是**忧虑:一连串纠缠不清的问题久久不散,在伍尔夫的行文中像苍蝇一样嗡嗡作响。

这位忧虑的作家有一位富有耐心和同情心的,宽宏大量的妻子,也就是拉姆齐夫人。她回想了丈夫的内心状态。据她观察——

> 他总是为自己的著作忧虑——它们会有读者吗?它们是优秀的作品吗?为什么不能把它们写得更好些?人们对我的评价又如何?她可不喜欢想到他如此忧心忡忡;她不知大家是否猜到,在吃晚饭时,他们谈到作家的名声和作品的不朽,为什么他突然变得如此激动不安;她可拿不准,孩子们是否都在嘲笑他的那种态度。她把袜子猛然拉直,在她的唇边和额际,那些像用钢刀雕镂出来的优美线条显露了出来,她像一棵树一般静止了,那棵树刚才还在风中颤动、摇曳,

---

[1] 参见 Sir Leslie Stephen's *Mausoleum Book*, ed. by Alan Bell (Oxford: Clarendon, 1977)。

现在风小了,树叶一片一片地静止下来。[1]

在这里,有认可,有同情,也有恼火。忧虑其实也给周围的人带来危险,以上这段话已经部分地承认了一个事实:拉姆齐先生不仅自己陷入了困扰,也困扰到了妻子。事实上,他的忧虑不仅仅令妻子困扰,更是构成了家庭破裂的中心,让妻子不得不努力地修补这些伤害。纵观整部小说,拉姆齐先生既可怜又任性,既痛苦又虚荣。但此时此刻,伍尔夫的关注点在于一个女人意识到丈夫的敏感,意识到他总在为自己担忧。一个忧虑者,无论多么狼狈,总值得**些许**同情。

如果说弗吉尼亚·伍尔夫描绘了忧虑,那么爱尔兰现代主义作家詹姆斯·乔伊斯则令读者在阅读时就像一个忧虑者。乔伊斯提倡一种忧虑的阅读,也就是邀请读者在阅读时因词义而**忧虑**。他要求读者在阅读时能够看到穿行于语言表面之下的焦虑,它们会在一些**双关语**、俏皮话和多义词中显现。《尤利西斯》(*Ulysses*,1922)以晦涩难懂著称,但如果说它**确实**难懂,它所涉及的却又是我们熟悉

---

[1] Virginia Woolf, *To the Lighthouse* (London: Vintage, 2004), p. 110.(本书相关译文引自瞿世镜译本[上海译文出版社,2008年]。——编者注)

的话题。乔伊斯的小说是一部关于现代生活的伟大史诗，但它并非如荷马史诗那般从英雄和神灵入手，而是在平凡之处着墨。这部小说着实令人震惊，书中充斥着日常的、显见的、平实的和通俗的事物。《尤利西斯》呈现的是1904年（小说设定的时间）的普通世界，同时也意在治疗那个时代的疾病。

《尤利西斯》讲述的是在1904年6月16日，小说的主人公利奥波德·布卢姆在都柏林漫步的事。布卢姆是新时代的奥德修斯，那天他所经历的是荷马英雄冒险的当代版（谨慎起见，这里有必要指出，乔伊斯并不希望读者**过分**关注它与荷马史诗的对照关系，因而删除了会引人注意这种关系的章节标题）。小说的视域细微又带着执迷，但同时也非常广大——涉及不列颠和爱尔兰，涉及流亡的经历和意义，涉及欧洲文化，涉及神话在现代生活中的地位，涉及现代小说及其作用，涉及维多利亚时代，涉及人类记忆和内在生活，涉及现实主义的界限，涉及语言和思想间的关系，涉及道德的本质，涉及性。《尤利西斯》也是一个忧虑的男人的故事。布卢姆先生焦躁不安。他的忧虑有点像他在希腊神话中的前辈奥德修斯的忧虑，都是关于家里的事：他的老婆摩莉究竟对他忠诚与否？他们的婚姻到底哪里出了问题？

"（摩莉）精神抖擞。"布卢姆"快活地"对次要人物布林夫人说道，然后马上转移了话题。[1]但摩莉的状态对他来说绝非仅仅是"精神抖擞"这么简单，他发现自己在心底根本无法转移话题。他对妻子性忠诚与否的忧虑蔓延到他周遭的语言中，无法消散。在名为"吃萎陀果的种族"（借用乔伊斯不想用的标题）的章节中，布卢姆"随手打开那卷成棍状的报纸，不经意地读着"，看到了那则令人难忘的广告：

> 倘若你家里没有，
> 李树商标肉罐头，
> 那就是美中不足，
> 有它才算幸福窝。

然后他继续和另一个次要人物麦科伊对话：

---

[1] *U*, 8:205. 本文所有《尤利西斯》引文均参见 James Joyce, *Ulysses: The Corrected Text*, student edition, ed. Hans Walter Gabler with Wolfhard Steppe and Claus Melchior (Harmondsworth: Penguin, 1986)。（本书相关译文引自萧乾、文洁若译本[译林出版社，2010年]。——编者注）

——我太太刚刚接到一份聘约，不过还没有谈妥哪。

又来耍这套借手提箱的把戏了。倒也不碍事。谢天谢地，这套手法对我已经不灵啦。

布卢姆先生心怀友谊慢悠悠地将那眼睑厚厚的眼睛移向他。

——我太太也一样，他说。二十五号那天，贝尔法斯特的阿尔斯特会堂举办一次排场很大的音乐会，她将去演唱。

——是吗？麦科伊说。那太好啦，老伙计。谁来主办？

玛莉恩·布卢姆太太。还没起床哪。王后在寝室里，吃面包和。没有书。她的大腿旁并放着七张肮脏的宫廷纸牌。黑发夫人和金发先生。来信。猫蜷缩成一团毛茸茸的黑球。从信封口上撕下来的碎片。

古老

　甜蜜的

　　情

　　　歌

听见了古老甜蜜的……

——这是一种巡回演出，明白吧，布卢姆先生若有所思地说。甜蜜的情歌。成立了一个委员会，按照股份来分红。

(《尤利西斯》第五章)

《尤利西斯》的语言很有代表性，介于庸常、通俗和启示性之间，将读者拉向主人公布卢姆的深层忧虑。重要的是，读者能通过主人公的对话和内心独白探寻忧虑的**迹象**，其中对典故的指涉和引用不仅有助于文段的连贯性，还是那些焦躁不安和持续的恼人之物的顽固标志。

李树商标肉罐头的广告称家是"幸福窝"，这多么讽刺，但这个念头又恰好很快被布卢姆的"还没有谈妥哪"打断了，显然，没定下来的不止摩莉的聘约，还有布卢姆一家的生活——被妻子的情人博伊兰搅乱。隐隐地，这件"排场很大的"事情也和那件风流韵事交相呼应；还有"谁来主办？"这句尴尬的问话——令人很难不去注意——指的不仅是到底谁来主办摩莉的音乐会，还有博伊兰，那个可能与摩莉私通的男人。变换一下问号的位置，话语便追踪着困扰布卢姆内心的关于性的不安叙事——"谁来主办（……）玛莉恩·布卢姆太太？"但回答又顺着"还没有谈妥哪"展开，可怕而又尴尬而真切地暗示着其妻子和博伊兰快要发生的韵事，就连最后的"按照股份来分红"也暗示了摩莉只是分时段的性伴侣，再次确认布卢姆先生无法掩饰他的忧虑，无法忘却对婚姻状况的焦虑。

《尤利西斯》是一部有关忧虑之人的杰出小说，部分因为它成功地让读者如此深入参与交流。乔伊斯让我们为"谁来主办"这种问话而忧虑，让我们意识到主人公布卢姆的忧虑从中显现，就好像这些忧虑已经渗入并污染了他周遭的语言。布卢姆的这一天是呈环形的：小说开头，他从住所埃克莱斯街 7 号出发，至最后一章"伊萨卡岛"他又回到这里。他亲身演绎了他的忧虑过程：他确实离开了妻子，又回到她身边（虽然没有和她睡觉）。《尤利西斯》希望读者能够理解、**感受**到那份潜藏在语言下的忧虑，并不断把意义拉回深层的问题中。忧虑正是在离开又回归烦恼源泉之旅的情节中被塑造的。

这类文学的受众其实并不多，若认为《到灯塔去》和《尤利西斯》是大众读物的话，那就错了。大体而言，这两部小说处于阅读品位的顶端。也许用这样的文本来揭出任何过于宏大、关乎整个文化的事物皆不够妥当，但这些伟大的现代主义小说都道出了忧虑的一些要点。它们属于话语库的一部分，而话语建构了我们可以思考什么以及如何思考，建构了我们在不同的阶级、性别、历史和文化位置上理解以及描述自己的方式。"忧虑"这个标签化的概念在

20世纪初醒目地出现在英语中,因此它相应地出现在那个阶段最有吸引力、最费解又最动人的文学作品中,也合乎情理。这样的文学记录了"忧虑"一词的传播史,也让忧虑为人所知,甚至使间接地体验忧虑成为可能。富有想象力的作品为读者做了准备,它们潜移默化地塑造了读者对于生活和知觉的期待,雄辩地提供了一种可用以向自己和他人描绘自己的语言。忧虑者作为一种特殊类型的现代人,以当时的女/男性形象出现在20世纪早期文学中。这不仅仅是对两次世界大战间的生活的洞察,更是一种塑造现代人自我期望的方式。

忧虑在20世纪初的出现,标志着它开始"出现在话语之中",作为一个用以分析人类和自我认知的概念存在。这便是忧虑的"简史"或"地方史",它不是一个遥不可及的故事。若说忧虑永远都不会消失,也是正确的。作为一个词语,更重要的,作为无论男女都熟悉的精神状态,忧虑早已成为我们呼吸的一部分,或者,借亨利·詹姆斯的妙语,是"我们借以前行的光线的一部分"。在西方英语国家中,有谁不了解如今的"忧虑"是什么?

但一些问题也随之而来。

若忧虑真的是在两次世界大战间稳固地在语言中确立下来,那这之间到底发生了什么?在第一次世界大战后,自助书和小说家为忧虑找到了一席之地。特别是小说家，还进一步开发了一系列词汇，使忧虑得以被谈论、被表达、被戏剧化甚至被传递。然而，若认为忧虑变成了一个被充分讨论的主题，其中包含了复杂词汇，有大量相关文献，有一系列理论、阐释和各种思想流派，却是不符合事实的。在现代主义者的所有创意遗产中，或早已被遗忘的早期自助书里，忧虑并不是一个可以被详尽研究、深入写作、广泛表达和讨论的主题，除许诺心灵平静的**新式**自助书外，也没有更多对它的考察。（"心灵平静"很容易被认为是一个较新的概念，但实际上该概念可追溯到1583年的《牛津英语词典》。）

对于忧虑，我们仍然是经验多于分析，活在其中多于对其审视。在当下思考忧虑，也就是作为一个研究者来考察一件已知却几乎未能理解、熟悉却几乎未被讨论的事物。思考忧虑，应当看穿其往往被打磨得光亮的表面，探入层层伪装。它是一项使命，为了恢复那未曾消失却总被遮蔽的日常精神痛苦史——对于这种痛苦，我们并非无知，而是羞怯。

II 哎哟，真是不可思议的怪事

《哈姆雷特》第一幕第五场

正如前文所说，在某种程度上，我把书写"忧虑"视为"使命"。这是一种相当宏大，甚至浮夸的说法，它无疑带些煽动性，也许并不明智。我确实给自己将在本书中完成的工作贴上了高尚的标签，听起来挺自负的。在找寻"隐秘的痛苦史"的过程中，一定也会涉及人性和尊严。对于我来说，这更关乎解放，让人们正视那些通常被遮蔽和忽视的麻烦和不适。这一工作肯定不算什么龌龊事吧？而且还有一些功劳，认识自身的痛苦并允许人们谈论它，可能有助于忧虑者重塑自信和肯定自我价值，认识到自己是社会的一分子，是可以被人理解和支持的。

但忧虑还有另一面：当它**未被谈及**的时候，我们反而感觉轻松。

对于这种反应，可以从广狭两个角度进行探讨。首先从狭小的角度来谈。我的朋友露丝就很清楚忧虑为何最好不被提起。她的故事十分典型,甚至堪称极端。打十六岁起,大约有两三年,她几乎每天都面临着严重的忧虑,而且并不是她自己的忧虑。事实上,当她回首这段经历,发现自己那时所面临的忧虑已经接近于临床上认定的焦虑症。当时,露丝尽管年纪不大,却聪明又体贴,而且有着一样双刃剑般的品质,那就是"很好说话"。人们很喜欢和她说话,因为——我很了解——她极富同情心。她擅长在恰当的时候提出恰当的问题,在不该提问的时候保持沉默。因此,她经常因他人的需求、故事、观点和感受而从对话中隐身,因他人的情感需求而压制了自己的那一份。但问题正是出在她太好说话了,让人以为她不介意倾听他人的烦心事,而且几乎总是有求必应。在"很好说话"的人面前,人们总是能放心展现自己最糟糕的状态。

那时我还不认识她。据我所知,露丝当时和她所说的"忧虑的姐姐"住在一起。几乎每天晚上,当她从学校乘车回家后,都不得不面对姐姐的情感索求。姐姐总是汲取安慰,却又无法安下心来,忧心忡忡的她通常每次忧虑的事情都不同,比如失败、缺少安全感、未来的贫穷、无聊、肥胖、缺乏吸引力、愚蠢、不受欢迎或者偶尔生病。当露丝回到家,姐姐就会坐在煤气炉前的沙发上,急切地将这次的忧虑细细道来。老式煤气炉热胀冷缩时发出的咔咔声,因此成了特别令露丝不适的声音。姐姐的烦忧几乎每周都会变化,甚至隔天就会有所不同。有时候忧虑会缓解,但大多数时候仅是换了个模样出现。露丝后来告诉我,她几乎每晚都会留下来倾听她所爱的姐姐的忧虑,但她当时半知半解的是,为了提供姐姐要求的情感支持,她必须付出一定的代价,而且几乎没有起到什么支持作用。

所谓代价首先就是挫败感和时间上的损失。露丝会宽慰姐姐,上班时偶尔感到的轻微头晕不是什么大问题,因为除此之外没有其他令人担忧的症状:既没有身体发麻,也没有眼冒金星般的头痛,没有失去身体平衡,更没有视力减退,况且她的胃口很好,看上去也十分健康。但到了第二天,姐姐又会回到原点,或者面对一个新问题,开启一连串新的忧虑。夸张一点说,这就好像用漏水的贝壳清空游泳池的水。露丝无功而返,似乎提供安抚、知识、建议和同情都无法彻底改变姐姐长期以来的执念,因为她总是处在今天而对明天的危险感到忧虑。通常情况下,她们之间的对话只有在有人来访,或电话响了,或需要做晚饭了才告终。这些随机而极平凡的小事,作用却比妹妹屡屡受挫的善意更大,她们之间那些近乎独白的对话因此得以中断。当然也只是中断,没有结束。

露丝现在才意识到，将自己的精力耗费在这样的情感需求和痛苦上是多么令人沮丧。对于露丝来说，这是无法取得进展的劳动、不能解决任何问题的工作、起不到任何效果的安慰。她很想帮助姐姐走出忧虑，但其实她爱莫能助。露丝失去了日常的宁静，甚至不愿意回家。她为姐姐和自己的束手无策感到悲伤，也对自己的生活似乎被忽视而感到有些生气。那间屋子里塞满了姐姐一个人的忧虑。如今露丝会说，这一状况的长期代价是损害了她对人际关系，尤其是家庭关系的期望——而且这种损害至少目前在她看来将长期存在。在抽象意义上，露丝可以为自己想象出一种幸福的，互相支持、彼此迁就的家庭生活，但她其实不大相信。对她来说这只是理论上的存在，不是现实中的。她发现很难摆脱内心的某种直觉，确信未来自己的家庭生活不会美满快乐，因为姐姐那样无止境的对安慰的索求早已让她感到，家庭里没有她的容身之所。

早期的自助书早已坦率地指出，忧虑使忧虑者变得难以相处，虽然情况或许不像露丝所遭遇的那样极端。忧虑可能是某种形式的虚荣心，或是一种自我沉溺，不自知地将自我延伸到所有谈话之中，或不断在脑中确认**自己**的存在。默默地忧虑，是在感受一种特定的对自身的亲近，感受到自己是"真正"需要被帮助的一个人。向他人**倾诉**自己的忧虑,从某种程度上看来只是在不断宣告:快看看我;倾听**我**的痛苦和**我**的遭遇;在我自己的忧虑中,**我**非常重要。如此一来,忧虑者的内心想法变成了和别人对话的实质内容,最后把对话变成了独白。有时,甚至我最好的朋友坐在酒吧里不耐地听我抱怨时,也会喝得比平常多得多。其实有时候,内心生活的嘈杂对于他人来说也是可厌的。

对于忧虑者来说,忧虑中其实有一种特别的安慰。这或许就是巴克兰把忧虑和摇椅联系起来的原因。当你已经习惯了忧虑,就会难以割舍,因为尝试过没有忧虑的生活就意味着冒险。在这种情况下,回归忧虑就好像回家一般。这听上去或许有些奇怪,但忧虑的确在某种程度上让忧虑者恢复了他的安全感。忧虑似乎能够占据忧虑者很大的一部分,乃至我们几乎把自己和忧虑混为一谈——就如 T. S. 艾略特把自己的名字和忧虑的声音混在一起,好像二者是一回事。从这个意义上说,忧虑就是表达对自我本质的认知,映射出对忧虑者来说最真实的自我。这可以帮助忧虑者消除一丝关于自我的疑虑。

有充分的理由相信忧虑最好保持其私密性。把自己的痛苦史掩盖起来即是藏起对自我中心主义的表达,而通常看来，那还是压抑住为好。[1]"自我控制"这个传统理念可能还是有一些价值的。将内心焦躁表达出来让更多人了解，这并不是什么高尚的事。早期的一些自助书在提及这种对忧虑情绪的放纵时的表述，虽然生硬却也不失说服力。比如，匿名作家在《告别忧虑》（*Don't Worry*，1900）中坚决地说："沉沦其中是不行的……我们必须和'忧虑这一自然倾向'抗争。我们必须抵制忧虑，不是抵制它的来临（它肯定会如期而至的），而是当忧虑到来的时候，抵制它会让我们变成的样子。"[2] 言外之意是忧虑者遭人厌，这一点如今仍引人共鸣——有时还清楚得令人尴尬。忧虑者就好像张着嘴的雏鸟，不断想唤起周围人的注意，只关心别人能为它做些什么。在《到灯塔去》中，弗吉尼亚·伍尔夫对忧虑者的这一特质进行了深入的刻画。小说人物拉姆齐先生，是"灯塔"的反面。他极为缺乏同情心，从不为他人付出，而是不断地索取。

---

[1] 关于无法压抑的记忆，一个令人难忘的描述见 Patricia van Tighem, *The Bear's Embrace: A True Story of Surviving a Grizzly Bear Attack* (Vancouver: Greystone, 2000)。关于记忆和压抑的恢复在濒死时所起的作用，详参 http://www.theguardian.com/lifeandstyle/2012/ nov/09/life-after-near-death（最后访问时间：2014年1月30日）。
[2] [Anonymous], *Don't Worry, by the author of A Country Parson* (New York: Caldwell, 1900?), pp. 13-15.

拉姆齐先生的儿子想要看书，但他父亲总出现在近旁，如吸血鬼般吸取周围人的生机。拉姆齐先生是值得一些同情的，书中描述道：

> 但他的儿子痛恨他。詹姆斯痛恨他走到他们跟前来，痛恨他停下脚步俯视他们；他痛恨他来打扰他们；他痛恨他得意洋洋、自命不凡的姿态；痛恨他才华过人的脑袋；痛恨他的精确性和个人主义（因为他就站在那儿，强迫他们去注意他）；而他最痛恨的是他父亲情绪激动时颤抖的鼻音，那声音在他们周围振动，扰乱了他们母子之间纯洁无瑕、单纯美好的关系。他目不转睛地低头看书，希望这能使他的父亲走开；他用手指点着一个字，想要把母亲的注意力吸引回来。他愤怒地发现，他的父亲脚步一停，他母亲的注意力马上就涣散了。但是他枉费心机。没有什么办法可以使拉姆齐先生走开去。他就站在那儿，要求取得他们的同情。[1]

1　Woolf, *To the Lighthouse*, p. 34.

拉姆齐先生吝于花时间在儿子身上，此时一心只想满足自己的需求。那句"情绪激动时颤抖的鼻音"一直萦绕在我的心头，也无疑会缠累共饮时听过我大吐苦水的朋友们。糟糕的是，一个自我中心的忧虑者，通常也是亲密的家庭成员，他**的确**有大把的，也许是太多的时间，和亲朋好友待在一起。而更糟糕的就是像拉姆齐先生那样，错把忧虑当作爱。

忧虑者多么容易发现，爱可能是关乎自我的。忧虑者的心理习惯使我们特别容易有这个毛病。这似乎是另一种最好被隐藏、压抑，不要和他人提起的忧虑。这种忧虑不应以"尝试揭开隐秘的痛苦史"这样听起来冠冕堂皇实则欠缺考虑的名义被公开。成熟的爱本应是双方的，虽然我们在阴郁的英国小说家托马斯·哈代（Thomas Hardy，1840—1928）的小说中的确不曾看到这点，即便较欢快的早期作品也是如此。他曾在小说《远离尘嚣》（*Far from the Madding Crowd*，1874）中酸刻地写道："最纯粹的爱最稀罕的并非慷慨，而是自我放纵。"[1] 不过，这个观点并非人人赞同。

---

1 Thomas Hardy, *Far from the Madding Crowd*, 2 vols (London: Smith Elder, 1874), i. 217.

健康的爱，需要**在一定程度上**承认双方的差异性，承认彼此都是（半）独立的个体。两个人并不会因为相爱和结婚就变成一个人，尽管《旧约·创世记》2:24 曾说"人要离开父母与妻子连合，二人成为一体"。他们总须明白，对方并不等同于自己，即便十分亲密，仍然彼此不同。然而，正如我前面所思考的那样，忧虑是一种更加容易的"爱"。忧虑**比爱容易**。忧虑用自我的需求取代了对爱人之差异性的认识。它有时会通过可怕的外化，使爱成为自我需求的延伸。错把忧虑当成爱的忧虑者，总是**过分**担心爱人的安全、健康或工作的稳定，使得忧虑比什么都更引人注目。这种爱是我们非常熟悉的亲情式的爱，但又不仅仅是亲情式的。在这里，忧虑无疑源于一种尤其强烈的不安全感，表现为对放手的恐惧；源于无法认识到爱人的差异性；源于一个更宏观的人类问题，即如何对待"非我"（Not Me）的人。

我想知道有多少烦恼事缘起于此。有的父母因为子女的一次外出而坐立不安，直到确认子女安全到家。这可能是真心实意的关心，发自内心地希望孩子安全，但更多可能是出于自身的需求。爱并不以这种方式表达，不是争相进行情绪的外化。为别人着想和替别人忧虑完全是两码事。不停给女友打电话以确认她安全的男友，或者在妻子到家前无法入睡的丈夫,可能真的是出于关心伴侣的安全,但在这过程中,他最关心的可能还是自己,借忧虑将自己置身于这场情绪波动的中心。这是个残酷的现实:忧虑可能是容易的,并且有自我中心的成分。

那些焦躁地表达爱的人,他们对于什么是成功和幸福、什么是好的家庭生活也有相似的理解。他们通过一个简单的否定定义它:幸福存在于不忧虑的状态中。

如此而言,"感觉良好"取决于某种"不存在",即没有精神上的痛苦和焦虑,而非取决于积极的或愉悦的有意义事物之"存在"。当然,这不仅仅针对那些把爱和忧虑混淆的人,而是忧虑者的通病。或许你可以通过"嗨,你近来怎样?""你好,近况如何?"这类寻常问句来辨别忧虑者,对这些问题的回答会泄露实情。一个忧虑者也许就藏在这个回答背后:"不太坏,十分感谢!"这里**不太坏**的衡量标准是近来相对没有遇到忧郁、困难、问题和痛苦。对于忧虑者来说,敢于去享受快乐需冒大风险,以否定的方式来定义满足感(即没什么可担心的)要容易得多,因为这样一来,我们就无须鼓起勇气尝试新感觉。然而,哪怕只存在一丝忧虑,我们也会被扰乱,于是再次回到忧虑的老路上,"不太坏"立即变成"相当坏"。在罗杰·哈格里夫斯(Roger Hargreaves)那本妙趣横生的童书《忧虑先生》（*Mr. Worry*，1978）中，主人公忧虑先生的所有忧虑都被巫师变走了。但不久之后，他又开始为自己没有忧虑而忧虑。我觉得这颇有几分真实。

不过，我们为何不愿过多谈及忧虑，还涉及一个更宽泛的问题。这是贯穿本书的一条裂痕，我反复被它绊倒。这里存在一个大矛盾。我想要关注忧虑者，将忧虑形诸语言，这样我们就能接纳并谈论它。但我也想诚实地面对这一点：我焦虑于谈论忧虑是自私且无趣的。露丝的姐姐就是一个切近而极端的例子，展现了一个宽泛而松散的道德问题。我们自身，我们的个性和在世上微不足道的个人经历，精神生活中的脉动和闪烁，到底应向外界要求多少关注？我们到底拥有什么样的"权利"，用以展示自己和那堆问题？这种"权利"从何而来？此外，旁人究竟有何"责任"，要听我们无休无止的絮絮叨叨并给出回应？这本书可能会有一定的助长某些相当反社会的观念的风险。

我很难在同情和评判中择一而从。我在鼓励忧虑者说出心事和被自己的话题激怒之间左右为难。一方面，我很希望生活在一个允许谈论内心生活中大大小小的痛苦的社会中，但另一方面，我又惧怕这样过分自我中心，与真正的社区需求背道而驰，也不符合人与人之间互谅互让的良好的关系运作模式。我还十分害怕自己不得不伪善地倾听

他人无休无止的忧虑。"别以为我很同情,"当别人开始向我倾诉,我常会心里嘀咕,"不管怎么说,你妨碍了我谈论自己。"

尽管如此,我还是忍不住想通过研究人们如何表达忧虑,来探索人类个性的本质,从而揭开忧虑者心灵的秘密景观。毕竟,用我的期望而非实际情况来思考人类纯属臆谈。不管怎样,忧虑,伴随着隐秘的痛苦史,会引发悲伤,并希求他人的理解。虽然拉姆齐先生缺乏同情心地对他人索求同情,但他确实陷入了困境;尽管露丝的姐姐令人讨厌,但她的日子的确不好过。早期自助书仅仅认为忧虑者应该受到道德上的谴责,严厉地指责他们不过是虚荣、自负和自私,这几无益处。无论喜欢与否,我都必须接受忧虑的客观存在,尽管我知道它可能是虚荣、自负和自私的。我要去了解忧虑者,而不是否定他们。

日常对话的表面下,潜藏的满是从未说出,但一直存在的忧虑——难怪有人把解决问题、减少甚至"治愈"忧虑视为商机。忧虑的真实状况可能是不为人知的,它是一部隐秘的精神痛苦史。但有些痛苦,尽管微小如松鼠的心跳,也被记录了下来。此外,不论如何,这还是个有利可图的领域。一般的忧虑者很少把自己的忧愁公之于众,所以忧虑疗法的核心出现在书中并不奇怪。这些书是供人私下阅读的，当邻居来访便可以藏起来。可能我的主题和当代自助书有明显的差异，因为这些书几乎都是由心理学家或临床医师撰写的，一般都基于切实地寻求过心理援助的那些忧虑者对自身状况的描述，但本书所关注的大多数忧虑者并不会这样做。不过，自助书的目标读者也包括普通忧虑者，针对的是那些可能没意识到自己可以被"治愈"的人，他们在商店或广告中看到关于治愈忧虑的书籍才意识到这一点。那些自助书一般都声称，你的忧虑是可以被治愈的，无论它到达什么程度，这本书都可以治愈它。这是多么诱人的提议啊！我想知道买这类书的人，有多少是为自己而买，又有多少是当礼物**送给他人**。它们会被当作礼物送人吗？

"哇！**多谢**。"

20世纪早期的自助书和当代的自助书差别并不大，当时对于忧虑的描述到现在也不算完全过时。第一次世界大战之后，这些书曾鼓励人们重新理解忧虑，从而让自己的精神从重压中解放出来。现在，它们有了一个正式的标签：认知行为疗法（CBT）。这是有关改变我们据以行事的脚本的一种疗法，让患者意识到我们有各自的脚本，并且可以改变它（所谓脚本，是在童年时期就形成的一种生存策略，该观点是著名心理学家艾瑞克·伯恩［Eric Berne］的交往分析［Transactional Analysis］[1]疗法的核心部分，这种疗法广泛用于治疗严重焦虑症）。认知行为疗法是当代克服问题性、失能性忧虑（也包括很多其他心理障碍）的主要手段。这些自助书皆认为，无论好坏，我们私下的秘密都可以告诉那些可以"治愈"我们的人。这些书将其作者奉为新圣人、新牧师，他们知晓我们内心的秘密，可以补救我们的"问题"，这便是俗世中告解的新形式。

匿名作家所写的《征服恐惧和忧虑》（*Conquering Fear and Worry*, c. 1938）是英国一套丛书里的一本。丛书名很振奋人心，叫作《成功生活！》（*Live Successfully!*）。这本简短的小书是典型的现代风格，带着丛书名中让人安心的惊叹号，告诉人们决心和行动可以吓跑忧虑。作者说"只要你开始行动，恐惧就会消失"[2]，并鼓励读者去追踪忧心之事发生的**可能性**。它建议读者对自己关于未来的恐惧进行理性的探索，希望他们通过这本书来控制自己的

---

[1] 艾瑞克·伯恩的《人们的游戏：人际关系心理学》（*Games People Play: The Psychology of Human Relationships*, 1964）至今仍有众多读者。国际交易社团致力于发展伯恩的分析工具，详见官网：http://www.itaaworld.org/（最后访问日期：2014年1月23日）。

[2] [Anonymous], *Conquering Fear and Worry, Live Successfully! Book Number 3* (London: Odhams, c. 1938), p. 8.

头脑。到底有多大可能性没锁门？身体某处的疼痛，值得何种程度的关注？比利读你的信时，**真的**会以为你想表达X而非Y吗？换一种思考和信念，一切都会大不相同——这种愿望仍是今天的自助书的基本风格。"他人是不能令我们恐惧的。"奥里森·马登如是说：

> 他人的确可能做出令我们恐惧的事情，但只有当我们允许这样的想法从外面进入自己的脑中，我们才成了恐惧的猎物。什么都影响不了我们，除非它进入我们的脑中。[1]

这就是症结所在：允许忧虑进入我们的脑中。马登清楚指出，只有忧虑者自己，才能停止"允许"忧虑进入脑中，避免让忧虑占据上风。心理的力量可以抵御心理的弱点。

说到忧虑，威廉·S.萨德勒提倡"自我掌控"，鼓励读者用积极思维替换消极思维。他建议化怀疑为信念，化焦虑为笃定。但若想奏效，只能用信心来替代思考，以积极和开放的信任心态取代焦躁的推理。萨德勒说：

---

1 Marden, *The Conquest of Worry*, p. 3.

即便再多精神和道德上的决心,也无法打倒和驱走忧虑。在与忧虑做斗争时,积极思维是必需的。而且关键的是,这种积极思维也应该是一种与忧虑相反的思维。我们必须通过与忧虑相反的心理状态克服忧虑;我们必须建立信心和信任,这是彻底治愈忧虑的关键因素:以相反的思维替代忧虑,并令其彻底主导、激励灵魂。通过锻炼信心驱除忧虑,这就是替代疗法。再以坚定的意念作后盾,这种方法一定会有所成效。[1]

对于忧虑者来说,治愈的出路在于把一种精神活动转换成另外一种。我们不能仅仅说服自己摆脱忧虑,或者让别人来说服我们,而必须改变自己的信念。我们要抱有未来会更好、自己会更好的信念。我们要决定快乐起来,并对此满怀信心。

当今的自助书已对相关术语做了全新的阐释。罗伯特·L. 莱希(Robert L. Leahy)的《忧虑疗法:放下忧虑,开始新生活》(*The Worry Cure: Stop Worrying and Start Living*, 2005)是当代最畅销的关于忧虑的自助书。不难看

---

[1] Sadler, *Worry and Nervousness*, pp. 305–306.

出这本书为何如此受欢迎:它十分人性化,体贴入微,亲切大方,也是一部极其乐观的书。书中既描述了数种处理忧虑的错误方式,又提供了一系列方法用来管理或"治愈"忧虑,或至少能把忧虑放在生活中较次的位置。它展现出来的信心和以前的自助书类似,也认为忧虑者可以通过改变自己的思维方式让事情变得更好,即所谓精神顺势疗法,用一种心态治愈另一种心态。

关于**不该**做什么,书中有明确的论述。以下对典型忧虑的反应就是不妥的,是书中列举的"安全行为"糟糕实例。如"我当众演讲的时候一定会出丑"这种典型忧虑,就莱希看来,忧虑者对这种忧虑的典型反应是:"过度准备,默读笔记,反复排练,演讲时避免与观众眼神交流,或扫视观众并从中寻找抵触的迹象,因怕手抖就干脆不喝水。"[1] 这些都是令精神紧张的方式,为忧虑制造了新的对象("我究竟准备**充足**了没?"),如此反而放大了问题,并没有解决它。莱希建议用更好的办法帮助忧虑者摆脱忧虑。

莱希并非建议我们不为演讲做准备。他只是认为我们应该充满自信,专心、冷静、乐观地做准备,摆脱忧虑的

---

[1] Robert L. Leahy, *The Worry Cure: Stop Worrying and Start Living* (London: Piaktus, 2005), p. 51.

束缚。对于忧虑，莱希常运用"成本-效益"法则，他认为高度的自我分析对忧虑者的情绪有利。我们需要的是对自身问题之根源的、真正的智识上的好奇心，而且也要有用不同的眼光看待事物的能力。他认为我们可以通过分析把忧虑消解掉。在学术界、政坛或商业界，我们容易以为**分析**问题能使问题解决，虽然它事实上并没有起到这样的作用。但莱希认为，分析忧虑真的会让忧虑消失。他的立论基础是我们必须找到核心的焦虑，一旦找到，就应当确定"违背"它的方法。幸运的话，我们就能找到"核心的焦虑"（通常是某种关于自身的抑制性信念），并将之驱逐。根据莱希的想象，当核心问题被揭露，我们就不会被击败，而将会走在征服根源问题的道路上。认识你自己，就能免于忧虑。

与马登恰恰相反，莱希鼓励读者去"违背"他们的信念。他认为忧虑也属于一种（对负面信息的）**信念**，需要通过**思考**来解决。思考会揭示积极的想法和忧虑的潜在出口，会给我们提供用以树立更多信心的新的理由，其本质是自我剖析，即抓住思想内容并加以改变。在忧虑这个问题上，解决困扰的压力在我们自己身上。我们对自己负有责任。在政治学或经济学中，这是自由市场意识形态的关键要点，而在此处，显然，它是快乐的基础。

让我们看看达琳的例子。据莱希说,达琳担心自己是个无趣的人,而且**相信**自己很无趣。"当她感到焦虑,就会采取无趣的行为方式:避免与别人目光接触,脸上挂着傻笑,用一个字草草回应别人的问话。而当她感到自在并且认为你可以信任时,就会变得很健谈,很有想法,看起来很放松,甚至妙语连珠。"[1] 在达琳的咨询过程中,莱希尝试鼓励她挑战认为自己"极其无趣"的固有信念。这有点类似于伯恩"改变脚本"的观点。莱希鼓励患者违背心中的固有信念,以证明这个信念说到底并不稳固。莱希写道,首先他要求达琳假装成采访者和不认识的人交谈。"因为多数人都认为最吸引人的谈话是关于他们自己的,"莱希有些刻薄地说,"达琳的任务就是要多多询问他们的兴趣和个人情况,让他们尽可能多地谈论自己。"[2] 这样一来,达琳就无须向别人谈及自己。这一方法开始向她证明,其实自己也可以变得十分受欢迎,尽管她仍深受忧虑之苦。新认识的人觉得她很友善,虽然实际上,他们只是在享受达琳为他们提供的展示自我的机会,而忘却了她的存在。

写到这里,莱希(几乎)准备好承认忧虑者的神话象

---

[1] Robert L. Leahy, *The Worry Cure: Stop Worrying and Start Living*, p. 163.
[2] Ibid, p. 164.

征是九头蛇——当你砍掉它的一个头,马上又有至少一个头长出来。这何其相似:处理一个信念很容易又引发另一个引人注意的信念。然而,新的(消极)信念**也**可以通过思考驱逐,每当一个新的消极信念出现时,人们就可以设想一个更积极的信念,而具有建设性的信心终将出现,那是一系列"更积极、更实际的信念"[1],它稳定而长久。这是治疗的真正成就,显现了治疗师作为自信提供者的风采,为饱受折磨的人们带来希望。

我欣赏这种乐观主义,但难以理解的是,一个治疗师如何建构他人应当持有的信念(无论这些信念听起来多么普遍和良善)。这就是**对信念的论证**——有时候它着实不过是在断言我们应该相信什么。这些自助书有个显著特征,它们总是期待我们进行合逻辑的思维活动,即合理的推理。更值得注意的是,它们采用了简明的逻辑来让我们重拾对事物的信心——虽然这些事物并不具有逻辑必然性。而重要的,仅仅是这些新的信念让我们感觉良好。因此它们是否真的**必然**,或者是否在任何抽象意义上为**真**,似乎就不那么重要了。自助书的乐观主义有一部分源于它们共

---

[1] Robert L. Leahy, *The Worry Cure: Stop Worrying and Start Living*.

同的信念，即认为忧虑者易受看似合理的事物影响，乐于听从似乎是经过论证的东西，真诚地准备去相信自己被引导着得出的看法，只因为这样的过程显然让我们感觉好一些。

确实，就我而言，有时我脑中**会**突然蹦出一个想法，改变了我对某个事物的成见。这是我们平凡的心灵生活中的一种非凡经历。在那些时刻，一个新想法突如其来地浮现在脑海中，使我们意识到**可以**换个角度看问题："噢！她刚刚对我说的 X 可能不是指 Y，我误会她的意思了！""噢！我很讨厌爷爷身上的这种特质，但今天我突然发现自己这方面的行为其实就是他的翻版，此前我从未将这跟他联系起来。""噢！我一直认为 X 会发生，而实际恰恰是我做的事情促成了它的发生；我的确可以换一种假设，这样或许就不会发生了。"这些想法并非不合理，但它们源自何方呢？这些"启示"又从何而来呢？写文章，甚至有时候日常交流，其奇妙之处就在于，当我们起了头，结尾却可能是无法预料的。[1] 这是一个谜，也是一种奇迹。类似地，这种未知而奇妙之处也存在于人类大脑的思维活动

---

[1] 对这个想法的讨论详见 Derek Attridge, *The Singularity of Literature* (London: Routledge, 2004)。

中，当一个不经意的想法出现在脑中，我们虽然对它的来处和如何到来一无所知，却可以感受到自己内部正在发生意想不到的变化。

思维方式的改变能以一种奇妙的、近乎神秘的方式在我们脑内发生。但根据我的个人经验，他人的观点——他们的推荐、建议和"疗法"——是难以接受的。我很容易觉得这些是强加于我的。这样的观点也较难留驻，在我们脑子里长存。对于我们忧虑者来说，新视角很难引起我们持续的注意，特别当它源于外界（包括书籍）时，问题就在于我们可能根本无法相信它。我尤其无法认同的是，信念可以按照自助书说的那样被构造和**论证**。我认为信念存在于更深层的地方，是推理和论证所无法轻易触及的。

最近，我偶然发现了"倦怠"（acedia，也写作 accidie）这个概念，然后切身体会到了接受新概念的困难。我激动地想了几天：这是思考忧虑和精神烦恼的新方式！我谈论它，甚至开始为它布道。（这在现在看来有点尴尬，我可怜的朋友们……）"倦怠"这一概念，为哲学家、神学家和历史学家所熟知，源自基督教最古老的修道院传统，而非现代自助书。它纠正了往常将孤独或宗教生活浪漫化或感伤化的倾向，而强调僧侣的烦恼、精神痛苦、萦绕无解的问题和无趣的生活。在基督教修士和思想家圣埃瓦格里乌斯·庞帝古斯（St. Evagrius Ponticus，345—399，有时也被称作"隐修者埃瓦格里乌斯"[Evagrius the Solitary]）的笔下，"倦怠"是一种有害的知识：

> "倦怠"魔鬼，又被称为正午魔鬼，是带来最严重困扰的那种魔鬼。它大约从第四个小时起就开始攻击僧侣，一直围攻他的灵魂到第八个小时。首先，魔鬼让太阳看起来几乎不动，这样一来，一天便有五十小时之久。这迫使僧侣不断看向窗外，甚至走出房间仔细地观察太阳，以确定第九个小时（即午饭时间）距离现在还有多久。同时，他还可以趁机看看有没有另一个弟兄走出房间。除此之外，魔鬼还向僧侣的内心灌输仇恨此地的思想，引导他仇恨自己的生活，仇恨自己所承担的体力劳动，让他思忖同伴之间早已不再怀有仁爱，因此他也无法得到他人的支持。若此时恰好有人以某种方式冒犯了他，魔鬼也会利用此事进一步助长他心中的仇恨。魔鬼驱使他渴望去别处生活，在那里生活更便捷，更易找事做，而且可以取得真正的成功。它还进而暗示他，修行地点说到底并非取悦上帝的基础，无论在哪里都可以信仰上帝。魔鬼还把对于亲人和过往生活方式的回忆加入他的反思之中，

并描述了他漫长的人生旅程，将苦行的辛劳一一呈现。如上所述，魔鬼千方百计诱导僧侣们走出房间，放弃与之争战。而假如它未能得逞，那么不会再有其他魔鬼紧随其后，只有一种深沉的平静和难以言喻的喜悦从这场抗争中产生。[1]

圣埃瓦格里乌斯显然不是在描述忧虑，也没有描述抑郁（尽管可能有所重叠），但他这段文字却发人深省。从我们心灵荒漠的腹地，他提供了一种思路，告诉我们在通常情况下如何理解内在焦虑，以及焦虑何以可能被克服，并应当去克服。

在圣埃瓦格里乌斯看来，精神的不安，尤其是他所描绘的这一种，有别于烦恼或悲伤，更不是某种阴郁真理的载体。他认为这是一种诱惑。"倦怠"可以扭曲一切，是一种"有害的思想"。它可能会被误认为真理，但实际上是邪恶的，是一种错误。圣埃瓦格里乌斯认为，问题的核心在于人们在疲倦、沮丧或无精打采时，就会想象如果去做一些不同于我们曾自认在乎之事的事情，就可以活得更

---

[1] Kathleen Norris, *The Noonday Demon: A Modern Woman's Struggle with Soul-Weariness* (London: Lion, 2008), p. 13.

好。他认为，这样的想法并非我们的过错，而是对我们的考验（据他所说，这种烦恼源于外部入侵，是我们遇到的"魔鬼"）。这些魔鬼能造成认知扭曲，**诱使**我们贬低自己生活的价值，不再信任身边的一切，让我们误以为有一种比目前更好的生活方式。"倦怠"正尽其所能地把我们真正在乎的东西贬损得一文不值。这样的体验既不算患病，也不能带我们管窥生活的本质，更不涉及个人的成长或时代的症结。它是一种挑战，重要的是，我们可以与之抗衡，就像圣乔治和龙[1]。圣埃瓦格里乌斯认为，"倦怠"导致的想法是从外界不请自来的，会考验我们的信心，挑战我们的安全感。它诱使我们相信错误，但其实我们可以抵御这种诱惑。

不过，让人们相信一样东西不安全、有问题或危险，但事实上并非如此，这能算是一种**诱惑**吗？如果确实如此，这种看法会帮忧虑者与忧虑拉开一些距离。它有可能给忧虑加上引号，使得忧虑不再是我们的亲密伙伴。我担忧这个或者那个，是不是因为某种内在**诱惑**在作祟？它让我相信自己不好，让我丧气、失去行动力。我能化用这种观点，

---

[1] 欧洲有"圣乔治屠龙"的传说。——编者注

把忧虑视为一种现代的"魔鬼",将它当作我必须经历的**考验**,而不是自己的过错吗?我可以把忧虑看作"有害的思想""有害的知识",和这种腐蚀性的想法说不吗?以上问题的答案,也涉及我为何很难相信自助书中的建议,以及为何曾觉得圣埃瓦格里乌斯的建议颇具启发性。刚读到这段话时,我认为这一观点很有用,令人耳目一新,甚至可能是解决难题的关键。我打算相信圣埃瓦格里乌斯,因为他显得很睿智。然而,后来我恐怕游离于此了。我把他的观点记在脑子里,又逐渐放弃了它,悄悄地退回到先前习惯的思维方式和信念。忧虑者总是固着于原来的思维方式。对于我来说,对自我的深刻信念和对未来的忧虑并不那么脆弱,不会轻易被外界的观点驱散。

无论是莱希的自助书还是圣埃瓦格里乌斯的观点,从本质上看都是一种邀请,不是邀请忧虑者对生活有不同的思考,而是持不同的信念。

但真的相信某事和相信真实的事情是有区别的,圣埃瓦格里乌斯笔下的魔鬼暗示僧侣,草地别处更青葱,但若事实**果真**如此呢?

忧虑可能会提醒我,我并不是很擅长现在的工作,即便还没被发现,最终也会露馅的。我可以把这视为消极的诱惑,视为需要我抵抗的具有自我毁灭性的内在魔鬼;当然我也可以针对这样的忧虑采取行动，在纸上构建出一个更健康的信念，相信未来会更好，并尝试采信一些类似莱希给达琳的建议。然而，信念能使人更有动力并不意味着它是可信的，更不意味着它是真的。在那些恼人的无眠时刻，我要如何才能确保自己是对的？这不仅仅是符合逻辑或论理的事情。忧虑只不过是以一种入侵的、潜在的方式向我们揭示这样一个事实：作为人类，即便我们对理性充满信心，充满希望地自认为是具有逻辑能力的造物，但我们其实是由信念塑造的，包括对自己的信念。唉，这些信念的问题就在于，我们相信它们。

忧虑不仅让我们看到，我们总能让自己成为自己头脑中关注的焦点，还暴露了我们真正相信的事物。思考忧虑让我陷入不安：即使我把自己看作一个理性的人，信念仍参与建构了我的生活（此处言论无关宗教信仰）。我越思考自己的忧虑，就越难以逃避这样的问题：我要如何主要依据某些信念——相信只有在事后才能产生合理论点并鼓励特定行为——来引导行为？但就如T. S. 艾略特谈到批评的艺术时指出的，思考容易受到知识匮乏的挑战：

> 当还有无数未知有待我们了解，当在许多知识领域中我们用着相同的词语表达大相径庭的意思，当所

有人对许多事物都一知半解时,人们很难确定自己是否了解自己在谈论的东西。当我们不知道,或者知道得不够的时候,情感便往往战胜思考了。[1]

那个艾略特回首的黄金年代——人们彼时仍可能**通晓**一切并因此凭知识说话,即使它真的存在过,也早已一去不复返了。但令我惊讶的是,艾略特关于批评的思想中隐含着某种更大的真理的雏形,它无关知识匮乏与否,却和更广义的我们如何通过内心与世界交涉有关。在纷繁复杂的生活中,我经常用信念和感情来处理那些我所不知道的,通常也**不想知道**的事。[2] 事实上,依我看来,不管我们是否有相关"知识",理性经常被用来将最早出现在脑海中的直觉、情感、信念**合理化**,通过论证和理智辩护来为直觉、信念、信仰和真实情感提供支持。在对忧虑的体验中,理性总是次于一系列的感觉,次于一系列关于自己和世界的

---

[1] "The Perfect Critic" (1920), in *Selected Prose of T. S. Eliot*, ed. Frank Kermode (London: Faber, 1975), pp. 50–58 (p. 55).
[2] 关于我们不知道的东西,斯图尔特·法尔斯坦(Stuart Firestein)书中有一项可信的研究。参见 Stuart Firestein, *Ignorance: How It Drives Science* (Oxford: Oxford University Press, 2012)。

先验信念（尽管难以察觉）。我们置身于世界，并忧虑着它。

忧虑源于信念。但说"先验"或许有误导性，因为信念也有其特定的背景。无疑，对于想法如何钻入我们脑中并生根发芽成信念，对于我们为何持有此种而非彼种信念，有很多不同的解释。若信念先于推理，那么肯定有一系列因素在信念树立之前就起作用了。换言之，我并不认为我们就像自助书中所说的那样，只是为自己选择了信念（和我们生活的世界）。诸如文化、环境、教养、"自然倾向"、遗传、习得行为，以及记忆的本质等因素都在影响我们接受何种信念的倾向。草草一瞥20世纪人类基因革命的历史，那些饱受虐待的果蝇告诉我们，通过DNA传递的遗传记忆对我们的大脑产生了多深刻的影响。但对我而言，思考忧虑所引发的问题不仅包括我相信的"是什么"，关键在于我不得不去直面这样的事实：我的日常生活由非理性因素主导的程度，以及我的推理和行为建立在非理性因素之上的程度，大于我通常愿意承认的。这一定也是为什么那么多人并不使用理性，而使用魔咒对付忧虑。

从该角度来看，自助书存在的问题是没有提供任何新的咒语。忧虑与那些建议"换一种角度思考/信念"的书没有本质联系。但作为活生生的经历，忧虑与迷信又有紧密的关联。它早已暗中在迷信领域牢牢占据了位置，它所涉及的事物或行为都有种神秘的或宗教的色彩。哪怕在郊区、高速公路、百货商店都可能存在其神秘的仪式。从这个角度看，思考忧虑，亦即在现代世界的中心辨识人类心智中看起来最原始的、非理性的习惯。19 世纪晚期的英国人类学家泰勒（E. B. Tylor，1832—1917）在《原始文化：神话、哲学、宗教、语言、艺术和习俗发展之研究》（*Primitive Culture: Researches into the Development of Mythology, Philosophy, Religion, Language, Art, and Custom*，1871）一书中提出，在先进、文明的现代文化之中，有着"遗存"般的东西，包括从古老祖先那里传留至今的传统习惯、思维方式和信念。作为一个忧虑者，我可以从泰勒的观点中看出一些非他本意的东西。

20 世纪初，忧虑的现代性中就透露出一种流行性，它属于**我们的时代**。但一直以来，现代性有被魔力吸引的倾向。[1] 就好像，当我们跟跄着走向未来，看到了新事物及其影响时，会想要将更为熟悉和原始的人类经验带在身边。好像向前迈出的这一步唤起了人类从祖先那里继承而来的

---

[1] 帕梅拉·瑟施韦尔（Pamela Thurschwell）对此的研究令人钦佩，参见 Pamela Thurschwell: *Literature, Technology and Magical Thinking, 1880–1920* (Cambridge: Cambridge University Press, 2001)。

最为古老的记忆,以便让我们在步入**新领域**的时候拥有安全感。

论及机器,现代社会中机器的嗡鸣,始终伴随着富有想象力的写作,而其语言汲取着古代的资源。亚历山大·格雷厄姆·贝尔(Alexander Graham Bell,1847—1922)在1876年获得了最早的电话专利,让远距离交流成为可能。在此之前,塞缪尔·摩尔斯(Samuel Morse)发明了新的编码技术,通过电报实现了消息的远距离传递,而电话的出现则让声音得以周游世界。在19世纪的最后几十年,电话(其英语单词来源于希腊语中的"远音"[1])同留声机、录音机一样成了现代世界的象征。而电话与留声机类似,被诡异地与其他"远音",与已经消逝的旧世界联系在一起。在19世纪末期,电话尤其被和开口说话的死者、招灵会(séance),以及某种超越生死界限(而非超越空间)的遥远连接联系在一起。

伟大的法国现代主义作家马塞尔·普鲁斯特(Marcel Proust,1871—1922)在他的多卷本小说《追忆似水年华》(*À la recherche du temps perdu*,1913—1927)中,曾幻想主人公和他的外婆通过电话交谈,这种想象很有代表性。

---

[1] 在希腊语中,tele 指"远",phone 指"音"。——译者注

二者的交谈十分宝贵,他们之间的连接非常重要。时至今日,"连接"(connection)这个词已经既指某种技术过程,又指人与人的接触。而紧随任何电话交谈之后的,一定是断开连接(disconnection)。主人公断线了(the line is dead,这在我们的技术语言里是多么黑暗而可怕),他呼喊着外婆,但声音只能传到空荡荡的空气中,在电话线那空洞的寂静中回响。与古代世界的对照反过来涌入了文字当中。"我孤孤单单,站在电话机前,不停地、徒然地呼喊着:'外婆,外婆。'就像俄耳甫斯孤零零地重复着亡妻的名字一样。"[1] 灿烂的现代文明与古代神话相融。俄耳甫斯向执掌地府者祈求被蛇咬死的妻子欧律狄刻死而复生,对方开出的条件是在他们返回人间之前,俄耳甫斯不得回头看。但不幸的是,他忍不住转身回头看了一眼,于是再次失去了她,永远地失去了。对于欧洲文学巨擘马塞尔·普鲁斯特来说,欧律狄刻的离去就好比电话断线那般。

打字机(以及后来的电脑)似乎有自己的生命,与古

---

[1] "'Grand' mère, grand' mère,' comme Orphée, resté seul, repeté le nom de la morte," Marcel Proust, *Le côté de Guermantes* (Première partie), édition du texte, introduction, bibliographie par Elyane Dezon-Jones ([Paris]: Flammarion, 1987), p. 150.(本书相关译文引自潘丽珍、许渊冲译本[译林出版社,1990年]。——编者注)

老的神灵、守护神这样的概念联系到了一起。19世纪晚期的小说中就出现了鬼魂还魂打字的情节，哪怕到现在，电脑里也似乎"住着""小精灵"（gremlins）和"木马"（trojans）。现代与原始、当代与遗存相互交织着。正如斯特拉温斯基（Stravinsky）的经典现代芭蕾舞剧《春之祭》（*The Rite of Spring*，1913）展现了一种活力充沛的原始主义美学，最具实验性的现代主义作家（包括T. S. 艾略特和盎格鲁-爱尔兰诗人W. B. 叶芝［W. B. Yeats，1865—1939］）都对超自然事物，对神秘主义思想、卡巴拉（cabbala，亦作Kabbalah）和古代神话充满兴趣。甚至在20世纪早期，叶芝都还相信确有一股神秘的超自然力量在指导他写作（尽管不是很明晰）。他认为有未知的指引者假借他妻子的无意识写作，为他提供了写诗用的隐喻。现代世界中充满了精灵。T. S. 艾略特的《荒原》（*The Waste Land*，1922），就利用神话人物和场景描述了当代世界的荒芜以及可能的拯救之源。英国小说家和诗人D. H. 劳伦斯（D. H. Lawrence，1885—1930），则着手于寻找更"原始"和"真实"的存在方式和感受方式，用以对抗20世纪早期的肤浅。现代感早已通过诸多方式，复兴了古老和神秘的事物。

奇怪的是，忧虑作为"时代的疾病"，作为当代一大特征，却被古老的思维方式——或者更确切地说，信仰——所包围。对乞灵于这种力量，忧虑者都多少不会陌生，而当代理性主义者认为我们已经摆脱了它们。尽管忧虑者不大会说出口，但他们最典型的行为之一就是表现得像是在努力取悦无形的惩罚性力量。毋庸多言，我们似乎一直都在尝试安抚那些强大而危险的神灵，他们无名无姓，无从沟通并且残酷无情。

忧虑催生了仪式。它如我们所愿地由仪式承载。我的朋友海伦，几乎每次都要做完例行检查才会走出家门，而这种所谓例行检查早就超过了合理范围。比如说，她会去检查电水壶关闭了没有。够理智了吗？是的，但即便每次用完电水壶后都会立即把插头拔掉，她还是会去检查：不仅要检查插头是否拔出，还要检查电水壶的朝向是否正确。若朝向不对，对她来说这便成为一个迹象，表示哪里出现了（或即将出现）错误。在她心中那个封闭的小木屋里，她是不是认为，若电水壶没有朝着正确的方向，就会神奇地开始沸腾？这种看起来有着古老根源的信念——相信物理定律之外的、不可违抗的无情力量的存在，用"认为"一词来表达是否妥帖呢？

同样地，在离开家之前，她一定要上楼去次卧拿起她的头发直板夹，检查夹子是否仍在加热（这无法仅仅通过看或听)。哪怕海伦很清楚它甚至没有接通电源,而且已经好几天没有用过了(她很少使用),只会是冰凉的,她还是会坚持上楼检查。她一定要拿起来摸摸温度后再放下,才能放心,至少在离家时有足够的安全感。至少我**认为**她是这么想的,毕竟我绝对不会直接发问——她一定会被深深冒犯。她很可能会说"我就是想检查一下",我只能猜测她的潜意识中可能发生了更深层次的问题。当然以下也只是我的猜测:我认为对于海伦来说,不完成这个离家前的仪式是不可想象的,似乎有某种更高层级的力量在迫使她不得不去履行她的义务。

海伦并不古怪,她从名校毕业,家庭幸福、工作体面。她是一个普通的忧虑者,也是一个迷人的、有魅力的女性。她并不是唯一一个试图通过仪式,通过某种谦卑而必要的行为来掌控未来的人。她的个人迷信并非孤例。忧虑者在生活和工作的很多方面都非常理性和明智,但同时,也有迷信和隐秘的一面。作为忧虑者,无论情愿与否,我们都是潜意识的信徒。尽管常对此矢口否认,但我们相信有一些拥有自身准则的力量,并且猜想如若违背这些准则,后果将不堪设想。忧虑者在现代境况中受折磨,但用以对抗忧虑的工具仍与建造古冢和巨石阵的人们所用的无异。

这背后的力量究竟**是**什么呢? 忧虑者究竟认为这些小

仪式能够安抚谁或者什么事物呢?(再次重复,"认为"一词在此处并不恰当。)当然,这些仪式表明了人们对仪式的需求仍然十分强烈。忧虑者也许担心自己无法掌控自己的生活,因此必须去膜拜那些显然能掌控并惩治微小过失的未知力量。而该神秘力量既顽固又冷血,既没有怜悯之心也不容人辩解。在莎士比亚晚期戏剧《暴风雨》(*The Tempest*,1611)中,精灵爱丽尔犯了一个错误,当要保持沉默和顺从的时候,她在谈论自由。她的主人普洛斯彼罗说道:"假如你再要叽哩咕噜的话,我要劈开一株橡树,把你钉住在它多节的内心,让你再呻吟十二个冬天。"[1] 这就是忧虑者心中的那种暴力的、报复性的权威,可能被最轻微的违规行为所激发。这些力量可能表明我们准备好了对生命感到愧疚,又或者是认知形式发生了偏移,在某种程度上显露出我们正身处险恶环境的不安定性质。这些力量可能就是深层不安全感的副产品,是某种希望的奇怪产物:冥冥中,如果我们做正确的事,如果我们向正确的神灵献祭,我们就能幸存。这也许是我们从祖先精神中继承下来的最古怪的"遗存"。我们对祖先的名字一无所知,

---

[1] *The Tempest*, 1:2:295–297.

却至今仍继承着他们的基因。这些力量表明了忧虑者所认识到的世界的未知本质，也表明了我们对于不确定的未来缺乏真正的掌控。

人类的痛苦史中，最值得注意的是严重的精神疾病。对相关故事的详尽叙述一直都引人入胜——虽然听上去不怎么舒服，但的确是引人入胜的。我的同事斯图尔特·默里（Stuart Murray）写过一本有关孤独症的书，他把这本充满勇气、人道和光辉的书命名为《展示孤独：文化、叙事、着迷》（*Representing Autism: Culture, Narrative, Fascination*，2008）。"着迷"一词深深地使我着了迷。这本书是勇敢的，因为它承认了诱惑的存在。毋庸置疑，最可怕的精神疾病也有诱惑力。刘易斯·沃尔珀特的《恶性悲哀：抑郁症的解剖学》是英国久负盛名的剖析抑郁症的书。该书写到了作者本人令人感恻的"抑郁"史（打引号是为了表明他对抑郁症缺乏明确的定义）和大量关于抑郁症真实情况的科学探究。这是一个激动人心的心理学探索。威廉·斯蒂伦（William Styron）的《可见的黑暗：疯癫回忆录》（*Darkness Visible: A Memoir of Madness*，1990）是一本内容更为详实的，同样吸引人的作品，作者运用小说家的专业笔触，带领读者感受抑郁症的阴暗。美国心理学家凯·雷德菲尔德·杰米森（Kay Redfield Jamison）的《躁郁之心：我与躁郁症共处的

30年》(*An Unquiet Mind: A Memoir of Moods and Madness*, 1995) 是一本出色的"躁郁症"患者自传。其可谓关于心灵健康的惊悚片,跌宕起伏,时紧时缓。杰米森讲述了自己每天与躁郁症共处的戏剧化的生活状态,这迫使她周期性地陷入类似托马斯·德·昆西 (Thomas De Quincey)《一位英国鸦片吸食者的忏悔》(*Confessions of an English Opium Eater*, 1821) 新版中的世界,每天都充满天差地别的快乐与恐怖。正如17世纪初莎士比亚《李尔王》中所阐明的,如暴风雨般严重的精神疾病正是创造迷人历史、精彩情节的原材料。在这里,所有令人不适的伦理问题都是奇观。

没有关于忧虑者的畅销自传,因为忧虑可以轻而易举地让话题无趣起来。不过,尽管无法令人联想到《李尔王》,忧虑也有它的戏剧性。虽然忧虑通常显得单调乏味、平凡重复,尽管它是日常生活的复调,令人疲惫不堪,但它总是与传奇、悲剧和神话明来暗往。它属于史诗情节,属于人神之间可怕的对峙场景,所呼唤的通常是奇异的世界。忧虑者的故事是一个有待上演的复仇悲剧,是有关邪恶命运不断向其招手,使其丧失能力并消沉的故事。这是关于理性人的个人迷信的叙事,他们努力抵御那些(他们认为的)终日以惩罚他们的小错误为乐的力量对自己疯狂的、不合理的惩罚性报复。忧虑者的故事发生在一个残酷无情的环境中：这一切是在日常生活的背景下悄悄发生的，在咖啡杯后，在餐具旁，几乎不为人所察觉。

忧虑还能揭示生活的本质。它让我们看到，看似"正常"的生活中充斥着光怪陆离的事件，以及，人们多么容易将"普通"的生活与理性的头脑、合逻辑的行为、正常程度的平常情绪、明智的计划和决定等温和的概念混淆起来。检视寻常忧虑的核心，就能更清楚地看到很多人脑中每天发生的怪事。

在普通的忧虑世界之外，有人反对现代精神病学的标签。苏格兰精神病学家 R. D. 莱恩（R. D. Laing, 1927—1989）质疑了当时对精神疾病的正统假设，尤其是对精神错乱的假设。他认为我们应该尊重"精神病"的世界观，因为它们不仅是在正常之外、超出接受范围、迥异于一般存在方式的精神症状，更是体验生命的合法方式。这种观点有争议地抹去了"正常"生活和此前被归类为精神失常的状态之间的界线，在当时，这种界线仍存在于其他关于精神健康的书写中。而时至今日，它依然颇具挑衅性。比如，理查德·本托尔（Richard Bentall）质疑了精神疾病和精神分裂症的诊断术语，以期转变人们对精神疾病分类的错误看法。他指出，对这些精神疾病的伪分类是从 19 世纪欧洲的精神病学传下来的,从未经历过系统性的修订。其部分看法见于《疯癫的解释:精神病与人性》(*Madness Explained: Psychosis and Human Nature*, 2003),该书谈到"正常"与"疯癫"在某些方面难以区分。他关注日常的精神疾病"症状",它们在 DSM-5 中属于诊断的范畴,但通常不作为精神疾病的诊断依据,也往往符合人们对正常生活的预期。

正常人在日常生活中会出现精神病症状吗?根据 1991 年艾伦·田(Allen Tien)对幻觉(一种正式的精神错乱症状)做的全面调查,在 18000 名受访者中,有 11%—13% 表示在生活中经历过幻觉。13%!另一种官方认定的精神病症状——妄想性信念(delusional beliefs),有过相关经历的人数远远超出了被正式诊断出患严重精神病患者的数量:"据估计,在美国有多达 370 万人声称他们有过'绑架经验'(相信自己曾被外星人绑架,再送回地球)。"[1] 当然,这是否属于"妄想症"取决于你的个人判断。在怀疑论者或无神论者看来,很多宗教的基本信条都属于人类的妄想;但在虔诚的信徒看来,却意味着最光明的现实。对于轻度躁狂症(情绪波动)来说,也有类似的但不那么引起争议的记录。精神病学家朱尔斯·昂斯特(Jules Angst)的报告称,

---

1 Bentall, *Madness Explained: Psychosis and Human Nature*, p. 100.

在瑞士苏黎世州，高达4%的人口都经历过"轻微躁狂"。十四年后，另一项调查表明，经历过达到官方诊断标准的轻度躁狂症的人口比例上升到了5.5%，约有11.3%的人口也有过轻度的、未及诊断标准的躁狂症状，这确实是一个很大的数量。[1]

尽管这些数据还需要更多的分析和研究，但它们也表明了临床术语的"正常"与"失常"之间很难划出一条明确的界线。很多小说已经告诉我们这一点了。玛丽·伊丽莎白·布雷登（Mary Elizabeth Braddon，1835—1915）的奇情小说《奥德利夫人的秘密》（*Lady Audley's Secret*，1862）已经足以让读者去怀疑疯癫是否本来就是个分类上的错误，这样的划分只是便于人们给那些违抗礼节的行为和在某些方面碍事的人贴上特定标签。当代的文学作品也在继续探究精神疾病与理智之间的界线。英国作家亚当·福尔兹（Adam Foulds）的小说《不断深陷的迷惘》（*Quickening Maze*，2009），一本有关英国诗人约翰·克莱尔（John Clare）和阿尔弗雷德·丁尼生（Alfred Tennyson）的精神状态的小说，给读者留下正常与否本无定论的感觉。乔纳森·弗

---

[1] Bentall, *Madness Explained: Psychosis and Human Nature*, p. 103.

兰岑（Jonathan Franzen）的小说《纠正》（*The Corrections*, 2002）描写了一个严重失常的家庭，让读者去思考那些"正常人"的破坏性行为，以此对比那些被临床诊断为精神病患的人，尤其是那位患有帕金森症的父亲。小说中关于加里"抑郁症"的争论，是从加里的角度讲述的，非常耐人寻味，让读者感到正常和病态无从区分。承认这种混淆，在我看来既是解脱，也让人害怕。无论是过去还是现在，很多人都是根据这种明确的区分接受治疗的。残酷与暴力在这边界上巡逻，无论是出于善意还是恶意。在边界的两边，有的生命因此得到拯救，有的却被摧毁；有人被释放，有人被囚禁——但依据是什么？

若我们不能百分百确定谁是疯子，那我们也就很难确定谁是正常人。如果数以百万计的人都经历过幻觉却未被贴上精神病的标签，那么忧虑者对希腊复仇三女神欧墨尼得斯有着某种内在、特殊的而从未向人展露的信念，却继续过着普通的生活，也就不足为奇了。"正常"的范围很广，透过我的玫瑰色眼镜来看，忧虑者的想法就如同宏伟的哥特式建筑一般，充满了创造力、幻想和不对称性，充满了慰藉和震撼，与荒诞的喜剧交错。它亦真亦幻，有着超自然的、疯狂的幻想。忧虑者的心灵藏有不朽的信念，它永远不会被一眼看穿。它怪异而奇妙,惊人而独特。如果说在任何意义上,理智是让人在日常生活中维持正常运作的能力,那么忧虑则告诉我们,所谓理智可以以某种方式接纳怪异,让怪异显得正常。对我来说,粗略的"普通"概念或泛泛的"理智"概念,只会将生活在沉默的另一面的真实特质扁平化。其实我对"理智"也没有足够的了解,但我知道,它似乎要求我们都必须接受一个伟大的,关于"正常"的本质——逻辑、普通、受控——的神话,哪怕我们忧虑者深知这是具有误导性的。

英国心理学家兼作家亚当·菲利普斯的《走向理智》一书,试图弥补同类作品在竭力弄清疯癫的根源时所欠缺的关于理智的讨论。他的一个主张是,理智即对自己有正确的信念。菲利普斯说,从抑郁症中——

> 我们理解到理智的自我是用正确的方式爱自己,理解到什么是适当的自尊:这种对自我的感觉维持着一个人的生存欲望。这种生命力,还可能导向找寻自己的挚爱,有能力保护和吃掉自己的蛋糕……理智意味着以正确的方式爱自己,或清楚地知道自己的哪些地方是值得被爱的。这在本质上就意味着对一幅画、

一个故事或者一系列绮丽幻想持有自我信念（self-belief）——能够去爱。[1]

相当意外的是，读菲利普斯的作品时，我又回到了对自助书的那种困惑之中。在对理智的讨论中，我又再一次回到对有关自我的"正确信念"的困惑上，再一次回到了这个根本性问题，即我们要相信的是对自己有利的还是真实的东西？我又回到了信仰的领域，回到重新书写信条的任务上。而对此，仍然没有真实或可信的向导，告诉我如何实现这些新信念，或（更为重要的）如何使它们因真实而可信。我注意到，菲利普斯大胆接受了他认为我们需要相信的脑中的"绮丽幻想"。显然，他可以接受这件事：我们应该相信一些能够为我们赋能的东西，**哪怕我们知道这些东西是编造出来的**。但这是我无法接受的。

换言之，我回到了这个巨大的谜题上：我如何才能相信不属于自己的信念。

---

[1] Adam Phillips, *Going Sane* (London: Hamish Hamilton, 2005), p. 184.

Ⅲ 这是一个颠倒混乱的时代
《哈姆雷特》第一幕第五场

人们相信在忧虑这一"幕"结束之后,理性会随之上演。从这个角度讲,忧虑也许和众多理性活动的形式相似——瞻前顾后,试图追上早些时候发生的感觉、信念和直觉。的确,人在经历忧虑时,心中的信念与推理之间的冲突可能更长久也更棘手。撇开其他不说,将忧虑捆绑于信念之上,这种矛盾可能是宗教信仰被取代的后果之一。丹麦哲学家索伦·克尔凯郭尔(Søren Kierkegaard,1813—1855)认为宗教生活的最高境界本就是一种精神持续焦虑的状态,虔诚的信徒始终在内心欲望和所信仰的绝对命令间徘徊。这种分裂是引发焦虑的最深层原因的一部分,是自我欲望和对更高的善的认知之间的张力。

更准确地说,引发忧虑的深层原因之一,并非个人欲望与对更高的善的感知之间的冲突,而在于我们能理性分析自己的欲望。当我开始思考我们的现代信念，即我们在政治上和道德上有一些**权利**来满足或至少考虑个人欲望时，我便发现，似乎有更多麻烦事出现了。当代世界告诉我们要为自己做选择，这是当代社会的基本原则，也是其一大成就，但它不仅仅只有成就。本章讲的是我们如何继承了一个理性优先，且将其视为人之所以为人的决定性特征的世界（尽管上一章对这一看法的谬误之处已有所提及）。问题在于，在此基础上，人们又加上了一系列有关"自由"思考与选择的假设，而这也势必会催生比以往更多的忧虑。

作为一种思维活动，忧虑只能存在于一个有选择可言的世界。它甚至可能因为人们觉得自己有能力乃至有权利为自己做出选择而更加频发。忧虑是我们坚信自己掌握自主选择权的衍生品，它的出现不可避免。安德鲁·所罗门（Andrew Solomon）在其内容丰富的《走出忧郁》（*The Noonday Demon: An Anatomy of Depression*，2001）一书中说："忧郁是爱的缺陷。"[1] 而另一方面，忧虑是理性的缺陷。它是理性不利的一面，是理性的副作用。粗略而言，忧虑诞生于人类文化转变之际：人们从无条件地信仰无所不能

---

1 Andrew Solomon, *The Noonday Demon: An Anatomy of Depression* (London: Vintage, 2002), p. 10.

的力量转为开始对人在世界中的存在方式进行**思考**或**推理**。尽管此前我说了很多关于信仰和忧虑的话题，但毋庸置疑，人类从信仰超自然存在的绝对掌控，到相信自身思维的力量及其思考事物的能力，忧虑确实是这一观念转变过程中意外的、不受欢迎的产物，是从神到人的转向中诞生的不幸的孩子。在某种程度上，它产生于人类文化之巨大转变：从心灵转向思维，从对抽象命运的信仰转向人类自我选择的世界，从信仰时代走向启蒙时代，从理想走入现实，从天上坠入凡间。

只有当人们相信一切并非由某个神秘莫测的神明预先决定，忧虑才成为可能；当奥林匹斯只不过是一座山，人类要自食其力，忧虑才成为可能。当人们相信命运握在自己的手中，自己能够通过理性评估来做出抉择，而这一评估试图将一切纳入考量，忧虑就疯狂滋长；当我们认为对于未来可以做出**正确的**决定，我们要使用自身的力量而不是依靠神圣权威来辨识它，忧虑就疯狂滋长。当理性评估试图将一切纳入考量，以尽量调节我们作为人类的**感受**，开始解决如何**在情感上**获得安全感、平静和快乐的问题时，忧虑更是站稳了脚跟。这种"把一切纳入考量"的计算，几乎总是要求"理性"不仅考虑逻辑论证，还要考虑非理性的、超出理性的因素。我们的心灵被摊派了太多工作。所有这些试图平衡各种利益以做出最佳选择的尝试，造成了无数个无眠之夜。如果从20世纪初忧虑才开始在语言中出现的角度来看，它有一段"简史"或"地方史"，但忧虑本身的历史其实是源远流长的。

人类思维史，以及塑造了今日人类的智识变迁历程，其最重要的特点只能通过象征史，通过与人类起源有关的神话才能探知一二。忧虑诞生于什么时刻，这是一个极具诱惑性的问题：忧虑在**彼时**、**彼处**发生。我当然也很想知道潘多拉究竟在何时何地打开了她那满盛烦恼的盒子。我还很想知道，那个恼人的盒子的底部还有什么，究竟是"希望"还是更令人忧虑的"预期"？当然，"预期"可以是令人快乐的，但也可以令人心生恐惧。

事情的"起源"或"转折"这类概念，对于历史的叙述方式来说很有吸引力。英国小说家乔治·艾略特（George Eliot, 1819—1880）就很明白起源的吸引力，明白能够提出"这样的态度由**此**产生"或"看待世界的新方式发源于**此**"是多么迷人。她非常着迷于研究允许或限制人类选择的各种力量间的相互作用，也曾睿智地说："若不虚构一个起源，人们将寸步难行。"[1] 此外，若没有将起源与当下**联系**起来的叙事，人们同样寸步难行。寻找起点的诱惑乃是创造起

---

[1] George Eliot, *Daniel Deronda*, 4 vols (Edinburgh: Blackwood, 1876), i. 3.

源神话的诱惑，也是塑造只提供要素，而非经验真理之象征的诱惑。将某些节点看作起源的做法之所以诱人，是因为我们假定历史总是依循一种有序的、连续的、发展的或进步的方式运作。虚构起源不仅涉及一个起点的神话，更关系到整个故事性历史的神话：历史中容不下任何随机的、不一致的、破碎的、意外的、无法解释的事物。忧虑及其历史也不例外，况且关于"思想的诞生"之神话式的想象本就无穷。

古希腊人挟其精妙的哲学推理，尽管在中世纪被长久遗忘，现在仍可称为当代"思考之心灵"的设计师。作为西方哲学之父，希腊人很容易被想象为思想斗士，反对无知，反对仅仅相信全能神明统治世界而盲目摸索。这是思想的起源吗？英国首相兼荷马学者 W. E. 格拉德斯通（W. E. Gladstone，1809—1898）不仅宣称荷马史诗是"人类智识生活的开端"[1]，还认为欧洲中世纪的终结和文艺复兴的兴起是离我们更近，也更为人所知的"思想的（重新）诞生"时刻，常遭迫害的理性在此前已透出微光。"文艺复兴人文主义"（Renaissance Humanism）、对亚里士多德的

---

[1] W. E. Gladstone, *Studies on Homer and the Homeric Age*, (Oxford: Oxford University Press, 1858), i. 14.

重新发现，以及文艺复兴艺术家对世俗世界的关切——用透视法强调人类而非上帝的视角，都使这个观点更加清晰。18世纪法国的哲学家、百科全书派，以及欧洲整个启蒙运动，组成了所谓现代世界诞生的一些标志，建立了反对"非理性"信仰的思维模式，反对相信不要求亦不鼓励思考的冥冥之力。相应地，"科学方法"在19世纪进一步得到巩固，人们抛弃了信仰高于思考的模式，代之以新的世俗科学，其中具代表性的是1859年达尔文《物种起源》的发表，以及定义了那个时代人类智识生活的实证主义研究。启蒙运动似乎已全竟其功。

反驳以上每条论述都有充足理由。首先，我们有理由反对这种对思想转变时刻的指认，因为显然，历史并非如此发展。若这还不够的话，我们也可以从不同的道德评判角度来看待这个问题。但这些转变的象征性时刻确实有着强烈的意义，哪怕它们不是"真的"或证实为真，也仍然很重要。这就好比我们明知道照片里不是自己真实的样子，但仍然无法离开它。换作乔治·艾略特，她无疑会说，我们无法丢弃这些虚构之物，因为无法放弃它们的象征意义。有些东西太重要了，以至于难以校正。这些神话式的历史叙述早已根植于我们作为人类，尤其是现代人的意识中，仅仅质疑其真实性是没用的。从无须思索的信仰世界到独立思考的世界的转变，确实是当代人类历史的一大解释性神话，即使我们无法将其精准描绘，或在任何简单意义上称其为正确。从信仰到理性的转向，是关于我们"走向自我"的伟大西方故事，是关于个体性诞生的宏伟神话，是具有抚慰功能的叙事：关于自我的重要性以及正当的、完整的为自己着想的"权利"。

法国哲学家笛卡尔（René Descartes，1596—1650）根据思维能力的不同，把真实存在者与其他人划分开来，留下了现代史上最著名的（在我看来也是最傲慢的）哲学命题之一——je pense, donc je suis，"我思故我在"。他试图区分人类和动物，还质疑了"不思考"的宗教信徒。他也不无象征意味地解释了一些术语，而正是通过它们，忧虑在世俗的、思考的心灵中滋生。在评估各个选项时承认思考至上，相当于在我们的心智中戳出一个针眼，细小、灰暗的忧虑就这样滑了进来，因为独立思考必然会有出错的可能。显而易见，笛卡尔借助思维的推理过程否认了信仰。他的名言抓住了——或是重新抓住了——忧虑得以存在的条件。也许，他本应该说："我忧故我在。"不过我认为两者说到底是大同小异的。

人逐渐从"盲目"信仰走向理性，相信可以通过**思考**为自己**选择**，以及可以根据自己的想法做事，这一虚构却又必要的观念,甚至能影响我们叙述自己历史的方式。拥有独立思想和自由思考的特权是一种如此强大的文化叙事,很容易变成字面意义的自传。现在,如要我回想自己第一次真正独立而自由地思考某事的时刻,我脑中会出现一个清晰的片段。(当然,我说服自己相信这份记忆分毫不差。)我那时十七岁。至于那之前,我到底是如何全然不用脑子就通过会考的,暂且不管。只记得在那之前自己没真正思考过,别人说什么我就相信什么,别人给什么我就做什么。那天我正穿过伍尔弗汉普顿的一条马路,附近街道脏乱不堪,只有几家勉强维持的破旧小店,而我正在为一篇高中课文犯愁,那是莎士比亚的《李尔王》。够讽刺的是,这部戏剧无关理性行为。当时我正在"思考"老师可能会让我们对某个特定问题做出怎样的解释。突然间,我意识到这个问题可能本身就有误导性。我想了想,试图从另一个角度看待它,在脑海里搜集了一些与老师问题背后的假设并不一致的台词。接着我突然意识到我在做些什么,在既无警示牌也无充足准备的情况下,我就站在了悬崖边,站在了看不见的浑浊水池上方。我处在质疑被告知的事情的边缘:若继续下去,我可能会陷入多么可怕的混乱!我产生了模糊但强烈的恐惧,意识到自己能够独立思考会导致个人的、智识的,无疑还有道德上的混乱状态。或许独立思考的能力一直就是老师希望我拥有的，但在那一刻，这样的自我意识就好像一种可怕的反叛行为，一种把自己置于危险之中的企图，所以我不得不到此为止，到若干年后才重新开启这样的能力。

我认为这个故事是真实的。在我为了写这本书而想到它之前，我从未质疑过它的真实性。但现在我想知道，我这样说是不是因为被宏大的文化叙事说服，它已经为我灌输了"作为人重要的是什么"的理念。那我是不是也成了一个活生生的案例，证明摆脱那种关于理性起源的叙事——讲述不仅是作为物种，而且是作为个体，在成长中发生的激动人心、崭新又珍贵的事件——有多么困难？我为独立理性思考能力的萌生而欢呼雀跃，是否仅仅因为我自己内化了在上文中探讨的文化叙事？或许我也只是一个心甘情愿的同谋，这个故事看似真实、自然，但实际上只是这个时代为我所写的故事。我的故事微缩模仿了智识生活中最重要的叙述：独立思想的萌生，"自由"的人的概念，人的价值和尊严就在于其意识到可以"为自己"做决定。但对我来说，复述自认为的自己的历史，显然就跟意识到自己能独立思考一样令人不安。

幻想一个不仅没有忧虑，甚至连它出现的**可能性**都不存在的古代社会并不难。这可以是一个坚信命运的文化，一切事物的结果都不受凡人掌控,因此人们免于恐惧。在古希腊人眼中,主宰人类命运的手是确凿存在的。那就是命运三女神:克洛托为每个人纺织生命之线,拉切西斯负责丈量其长度,而阿特洛波斯则掌管人的未来,因为她决定何时切断生命之线。断线之际,就意味着一个人生命的终结。对于我们忧虑者来说,那无疑是不复存在的好时光。那时的人们哪怕不能从忧虑中解脱出来,至少也没有任何理由去忧虑。既然众神掌控着芸芸众生,我们何须焦躁?若没有能力改变神灵定下(或即将定下)的宿命,我们缘何焦虑不安?因为别无选择,我们最好享受当下,直至命运女神前来切断生命之线。

但我觉得,我们无法证明这样一个社会在何时何地真实存在过。当我反复推敲古代文学的遗存,以及近年来出现的可见的证据时,不禁一次次为同一显见的事实所冲击:一旦一个人能够思考——用自己的头脑来处理信息、考虑、裁决和思索,即便是在最深厚的宗教信仰背景下——困难就出现了。忧虑正是从人们的反省、评估、权衡、怀疑能力之中诞生的。令人伤感的是,做一个现代的忧虑者(从囊括所有史料的最普遍的意义上来讲),其实不过是我们作为人类的老旧标志。Je m'inquiète donc je suis:我忧故我在。

古代地中海的伟大史诗率先提供了不同的描述，来说明为何信仰神明、相信宿命的力量，以及相信命运本身也会让人们没有安全感，饱受困扰。它们的作者无法**想象**一个由众神统治的无忧无虑的世界，因为拥有思考、反思和沉思的能力同时也意味着要遭受外界的困扰。描述特洛伊战争的古希腊荷马史诗《伊利亚特》（*Iliad*）大约写于公元前8世纪，其中一个经典情节似乎描写了当时怀有信仰的人们在困境中的最初想法：一个人即便在神明规定的死期将至时也不该多加揣测。以下片段出自《伊利亚特》第六卷，引自19世纪末塞缪尔·巴特勒（Samuel Butler）的英译本。高贵的特洛伊战士赫克托耳即将奔赴战场杀敌，离开自己的家和娇妻安德洛玛刻：

> 赫克托耳看了看他的儿子，不由得微笑起来，可是不说什么。安德洛玛刻挂着眼泪，走到他身边，和他握着手。"赫克托耳，"她说道，"你是着了魔了。你这样的勇敢是要送你的命的。你也不想想你的小儿子和你的不幸的妻子，你马上就要叫她做寡妇了呢。总有一天阿开亚人要集合大军来杀死你。我要是失去你，那就不如死的好。你要有一个不测，我还有什么生趣呢？除了悲伤之外什么都没有了。可怜我现在是

没有父亲、没有母亲的。我的父亲是在伟大的阿喀琉斯来攻我们那个可爱的城市——喀利喀亚人高城墙的忒柏城——那一次死在他手里的。可是我父埃厄提翁虽然死在他手里,那阿喀琉斯却很有侠气,并没有剥过他的尸体。他让他穿着那套灿烂的铠甲将他焚化了,还替他筑起一个坟墓;山中的仙女们——那些戴法宝的宙斯的女儿——又在他的坟墓的周围栽起一些榆树来。我本来有七个兄弟,谁知他们一天里边全都到哈得斯宫里去了。那伟大的捷足阿喀琉斯把他们在那些牛群和雪白的羊群当中一齐杀死了。至于我的母亲,那普拉科斯山林底下的忒柏的王后,阿喀琉斯曾经把她同着他其余的掠获品带到这里来过,可是拿了一笔巨大的赎款放她回去了,后来她是在她父亲家里被女射神阿耳忒弥斯杀死的。

"所以,赫克托耳,你对于我不但是我亲爱的丈夫,同时也就是我的父母和兄弟。现在你要可怜我,在这儿城楼上待着吧;不要让你的儿子做孤儿,让你的妻子做寡妇。你去叫特洛亚人集合在那野无花果树的地方,那里的城墙最容易攀登,那里的防御最容易攻破。已经有三次,他们的精锐由那两个埃阿斯和著名的伊多墨纽斯、两个阿特柔的儿子和那可怕的狄俄墨得斯率领前来攻打那一点，想要攻破它。一定是有哪一个知道预兆的人曾经把那地方的破绽告诉他们，或者是他们自己有来攻打那儿的道理。"

"所有这一切，亲爱的，"那头盔闪亮的伟大的赫克托耳说道，"原都是我所关心的。可是我如果也像一个懦夫那么藏躲起来，不肯去打仗，那我就永远没有面目再见特洛亚人和那些拖着长袍的特洛亚妇女了。而且这样的做法是我不情愿的，因为我一径都像一个好军人那么训练自己，要身先士卒去替我父亲和我自己赢得光荣。在我的心底里，我也知道那一天快要到来，神圣的伊利翁同着普里阿摩斯和他那些拿桦木杆好枪的百姓都将被毁灭。可是我想起了所有的特洛亚人乃至我母赫卡柏，乃至父王普里阿摩斯，乃至我那些将被敌人打倒在尘埃的英勇兄弟们所要吃到的苦楚，都还不会觉得太难受，至于想到你挂着眼泪，被一些阿开亚的披甲战士拖去做奴隶那种情形，我可真受不了了。我可以想见你在阿耳戈斯，替别人家的女人在布机上做苦活，或是无可奈何地在那陌生地方替人家汲井担水，被监工凶残地对待。人家看见你哭哭啼啼，就都要说道：'那边那个就是赫克托耳的老婆。她的男人在伊利翁被围攻的时候是那些驯马的特洛亚

Ⅲ 这是一个颠倒混乱的时代 | 137

人当中的健将呢。'他们每次说到这种话,你就要觉得一阵痛心,伤悼着那个本来可以保护你自由的人。啊,愿大地深深掩埋了我的尸体,不要让我听见你被他们拖走时的尖叫才好呢!"

赫克托耳说完话,就伸出他的胳膊要去抱他的孩子。可是孩子被他父亲的形状所惊吓,哭了起来缩回那个系着腰带的保姆怀里去了。他惊吓的是那头盔上的铜和那狰狞地对他点头的鬃饰。他的父亲和母亲都不由得大笑起来。可是那高贵的赫克托耳赶快摘下了他的头盔,将那亮晶晶的东西放在地上。然后他跟他亲爱的儿子亲了嘴,把他抱在怀里抚弄着,一面向宙斯和其他的神祷告起来:"宙斯,和其他列位神,请保佑我的这个孩子能在特洛亚像我一样的杰出,像我一样的刚强和勇敢,好做伊利翁的强大君王。在他打仗回来的时候,要有许多人在说,'这一个人比他的父亲还强呢'。让他把他杀死了的敌人的血污铠甲带回家,好叫他母亲快活。"

赫克托耳把孩子交给他的妻子,她就把他搂进她那香喷喷的怀里去了。

她从她的眼泪里面露出微笑来,她的丈夫看见了心里很感动。他拿手去抚摩她,说道:"亲爱的,我恳求你不要过分地难过。不等到了时候,是没有一个人能把我送下哈得斯去的。可是命运这一桩东西,凡是从娘胎里出来的人都不能逃避,无论是懦夫或是英雄。现在回家吧,去管你自己织布和纺纱的工作,叫女仆们也都去干她们的活儿。打仗是男人的事情,而且这一次仗是特洛亚人人都得打的,尤其是我自己。"[1]

赫克托耳谈到一种在众神统治的世界中艰难的确定性:"可是命运这一桩东西,凡是从娘胎里出来的人都不能逃避。"他最后对妻子说,那是众神的选择,违抗他们的意志毫无意义。我们所有人的命运都受天神安排支配,在命运的铁腕和神力的裁决之下,我们的判断和焦虑都不值一提。正确的事情(或说一定会发生的事情)早已被决定了;如果做了不好的决定,那可能是天神之间的斗争和腐败造成的,与人类的选择、希望和努力无关,那忧虑又有何用?

但荷马的本意**并非**如此。他不会真的觉得赫克托耳接受众神安排这一情节在情感上是足够的。在某种程度上,

---

[1] 引文参见:http://sacred-texts.com/cla/homer/ili/index.htm(最后访问日期:2014年1月23日)。(本书相关译文引自傅东华译本[人民文学出版社,1958年],部分表述依底本不同有所改动。——编者注)

对于一部诗歌来说,这种简单接受是不能激发读者情感的。文学需要张力,需要受难。从更深层次来看,若世间不再有"理性"的担忧,那么对悲伤的咀嚼、对启示的思考、对未来的疑虑也就不复存在了,这是**难以想象的**。英雄在宏大命运中的崇高勇气并没有让妻子不再为他的死亡感到焦虑,也没有阻止他自己对死亡的焦虑。在赫克托耳明确地宣称他别无选择之前,也曾试图为自己的行为向安德洛玛刻辩解,仿佛在一个据说早被诸神决定好的世界中,论说、解释和安慰能占一席之地。赫克托耳承认,妻子的焦虑也是他所焦虑的:"所有这一切,亲爱的,原都是我所关心的。"如果最后他没有提出众神是命运的主宰者,那么他的悲伤将无处安放。正因为能够思考,他才会感到痛苦。对于思考者荷马来说,很难想象赫克托耳求助于众神就意味着将自己完全交给命运,没理由再去做什么。数百年后让·雷斯图(Jean Restout)的名画《赫克托耳告别安德洛玛刻》(*Hector Taking Leave of Andromache*,1728)[1]就放大了对众神抱有崇高信仰的赫克托耳的焦虑,在画中,这位特洛伊

---

1 此画目前收藏于纽约的鲁斯·布兰卡夫人(Mrs Ruth Blumka)处。

英雄犹疑地望向天空。

之后继承了古希腊遗产的古罗马文学,也在讨论类似的问题。维吉尔的《埃涅阿斯纪》(*The Aeneid*)写于公元前29—前19年,其中探讨的一大问题即诸神在人类生活中的角色——人类是否该为未来忧虑。《埃涅阿斯纪》是追溯特洛伊陷落后罗马帝国奠基的诗歌,它探讨了帝国的本质、领袖的责任和最美好的生活也会遭遇的悲哀。这是一部尤为忧郁的作品,它一并探讨了众神的"机制",探讨了超自然力量在人类生活中的作用,并强烈质疑了简单化的命运观念,这种观念使得人们只能在神的设计下抗争。的确,维吉尔认为众神与人类生活息息相关,比如在第八卷中,伏尔甘为埃涅阿斯制造武器,维纳斯把武器交给埃涅阿斯。然而,诸神内部是分裂的,世间并没有什么简单的事,更不用说确定的事了,因此这也让思考者有所顾虑。比如朱诺支持的就是埃涅阿斯的敌对方。在第九卷中,开战之前,埃涅阿斯和他的敌人图尔努斯凭借各自背后超自然力量的支持,蔑视对方。图尔努斯既不怕众神的支持,也不怕发生在敌人身上的预兆。"我也有神谕/支持我。"图尔努斯说道。[1] 读者不难注意到,在维吉尔充满对立、反

---

[1] Virgil, *The Aeneid*, p. 253. IX.136–137.

诉和错误的世界中，对超自然力量的信仰并不带来确定性。难怪在塞西尔·戴－刘易斯（Cecil Day-Lewis）的伟大译作中，第八卷的开头埃涅阿斯"被汹涌的忧思所扰，/脑中冲突激烈，左思右想，翻来覆去，/千方百计试图摆脱困境"[1]。维吉尔的文字，穿越两千多年，通过20世纪诗人之笔，毫不费力地传达给了现代忧虑者，那份感知亲切鲜明。

把自己全然交给命运并对此笃信不疑，这种信仰使选择沦为幻觉。我们很难相信，和我们构造相同的人类过去会生活在这样的世界中。一旦我们表达看法，包括我们对于命运的看法（也许本无须多想），烦恼也就随之而至。我们只能幻想一个比古希腊、古罗马还要遥远的时代（不过应该也遥远不了多少），毫无根据地编造一个由上天力量彻底主宰，以至于人们不必担心的社会。洞穴画家会是这样子吗？又或者是最早的智人？可能吧，可能吧——不过谁能够说清楚呢？

让我们转而谈谈一种更为现代的忧虑肖像。我们很容易想到，视觉艺术中许许多多对于人类思维的表现都被烦恼的阴影笼罩着。思维在视觉上的呈现并不明显区分思想和恐惧、思考和忧虑。奥古斯特·罗丹（Auguste Rodin）

1　Virgil, *The Aeneid*, pp. 220–221. VIII.19–21.

举世闻名的雕塑《思想者》（*The Thinker*，1902）表现的可能就是现代世界的一位焦虑的哲学家，尽管他的强壮体格带着一种英雄般的决然色彩。凝视罗丹的杰作，我们可以为眼前的思想者究竟在想什么、困惑什么而忧虑。我们可以忧虑于他在忧虑什么，因为我们不知道他的忧虑。但我们也可以察觉到，在罗丹眼中，思考不是件容易的事情。早在意大利文艺复兴时，人们对运用头脑的想象就提供了另一些暗示性的例子，认定推理之事本就是沉重的。思考也许是人类的特权，但它并不是幸福。15—16世纪的意大利是文艺复兴的发源地和中心，那里的一些佳作反映出，人们意识到了焦躁与心灵为伴，而烦恼本是沉思的人类的天性。

文艺复兴时期的著名画家皮耶罗·德拉·弗朗切斯卡（Piero della Francesca）于1451年创作的小幅油画《圣杰罗姆与追随者》（*S. Girolamo e uno devote*）现悬挂于威尼斯学院美术馆一个局促的位置。皮耶罗画笔下的绿色已被氧化成暗褐色，但圣人专注的面孔仍使我着迷。这幅小画就权威和思想、服从和自由之间的矛盾提问。对于教会思想家圣杰罗姆，画作通常描绘的是他在书房工作的场景。但在皮耶罗的作品中，他是在讲话还是在倾听？他是在教导还是沉思门徒提出的问题？他翻阅自己膝盖上的《圣经》

是在寻求帮助还是在为自己的判断寻找权威依据？他是根据自己所知所想做决定的吗？无论这幅画的场景是指导还是讨论，是辩论还是仅仅确认某些思考具有合法性，这位圣徒无疑在沉思着。他微微皱眉，足以表明思考之艰难。

在更早些时候，多纳托·巴尔迪（Donato Bardi）——世人又称他为多纳泰罗（Donatello）——为佛罗伦萨圣弥额尔教堂所作的著名雕像《圣乔治》（*St. Geogre*，1417），体现了他对于疑虑与忧虑、思考与担心之间关系的看法。雕像现藏于佛罗伦萨巴杰罗博物馆。对于多纳泰罗来说，圣乔治并非肌肉发达的英雄，而是一个有智慧的人。他未被塑造成通常的与龙搏斗的形象，而是思考着要如何与之搏斗。他也不像让·雷斯图画笔下的赫克托耳那样向天上寻求线索，而是从人世看待问题。对于多纳泰罗来说，圣乔治是文艺复兴时期的代表性人物，认为人类的思想高于无条件的信仰。圣乔治也并非米开朗琪罗作品中肌肉发达的大卫，以体格为人所称道，而是以思考为最重要的品质。他打败恶龙并非仅凭长矛，更凭想法。多纳泰罗深知这绝非易事。在他的作品中，圣人想知道到底会发生什么：哪条道路能通向成功？最好的"屠龙之术"又是什么？圣乔治皱着眉，就如埃涅阿斯离开陷落的特洛伊，去往充满风险的新世界罗马时一样苦恼。

要在艺术中区分思考和困境，似乎没有明晰的方法。哪怕圣人对上帝的意志深信不疑，他也要忖度如何实现上帝的意志，为他的任务所困扰。多纳泰罗的圣乔治不像卡巴乔（Vittore Carpaccio）的圣乔治那样沉着自信。后者保存在威尼斯斯拉夫人圣乔治会堂里。画家卡巴乔笔下，在一地被嚼烂和腐化的尸骸间，圣乔治面对猛龙镇定自若，发起攻击，看起来很有魅力。多纳泰罗的圣乔治也不像乔凡尼·贝利尼（Giovanni Bellini）的圣人们那样宁静。贝利尼画中那些圣人沉浸在洒满金色阳光、伴着不可闻的怡人乐音、形状和色彩调配平衡的和谐世界里，信仰坚定，也许无忧无虑。但多纳泰罗对作为人的困境有其特别的想法，他被忏悔这一概念深深吸引（正如他那被陈列于佛罗伦萨大教堂歌剧博物馆中的《抹大拉的玛丽亚》[*Mary Magdalene*] 所表明的那样）。他关注因错误决定而造成的懊悔，他的圣乔治显然希望事后无悔。

尽管有来自《旧约·创世记》的警告，我们大量的历史、文化叙事仍在庆祝理性的诞生，庆祝作为能思考之存在的人的诞生。但理性是否带来了欢愉，这一点却并未得到证明。"智人"即"有智慧的人类"之意，但把这个词用到我们头上是不是一个好主意呢？忧虑者明白可以借助理性对多种选择做出甄别和权衡，搜集信息，列举事项，找出当前问题的症结所在。但忧虑者通过理性推进决策的能力却非常差劲，能敏锐地察觉到理性可以推翻它本来的厘清工作。正是在理性的协助下，我们忧虑者才特别会为接下来做什么而焦躁。思考之力量的诞生其实部分也是忧虑的诞生，因为思考本就给予了忧虑者权衡选择的空间，试图将一切都纳入考虑，苦思冥想该如何去面对不确定的未来，却迟迟无法做出决定。我们可以不再盲目信仰而是为自己思考？我们可以下定决心？我们可以自由选择接下来要做些什么？可忧虑者比一般人更能够得出那个令人沮丧的认识，即借助我们手头的工具并不足以完成任务。

古希腊哲学家苏格拉底（约公元前469—前399），这个神秘的人物以其独特的教学法而闻名于世。这种老师对学生的指导场景，也就是现在我们所熟悉的哲学写作中问答模式的前身。在对话中，老师通过不断抛出问题引出学生全面的回答，如此逐步清晰地——在理想情况下——阐述一个观点。在这个过程中，一个哲学立场被描述出来，并得到证明及辩护。这种对话形式被他的学生柏拉图充分地沿用，它在哲学讨论（无论对错）中，植入了一种强烈的意识：在思想中，问题终**有**答案。也就是说，所有的哲学难题，关于伦理学、政治学、美学甚至宏大到关于生命本质和目的之问，你都可以向权威人士或思想家提出，他们一定能做出回答。在最广泛的层面上，苏格拉底让我们认为难题都必有答案。但忧虑者把苏格拉底的方法带入了自己脑中，常常就自己的问题向自己提问，却经常是无人回应。

令忧虑者困扰的，不仅是这个充满选择的世界带来的后果，而且还有一种强大的负罪感，因为思考——至少是大家理解的苏格拉底式思考——本该让事情变得更明朗才是。忧虑者可能被这样一种信念困扰：粗略说来就是启蒙运动旨在启蒙，将思维之光照向未定之事以使其更为澄明。但对于忧虑者来说，决策机制可能会陷入瘫痪，因为他会对每一种备选方案都思虑再三，对任何一种方案的困难之处了然于心。我们只知道考虑得越多，事情**越**不明朗。这种忧虑式的风险评估判断往往难以达成任何行动计划（顺便一提，"风险评估"［risk assessment］这一概念于1957年首次出现在陷入忧虑时代的美国社会，而"行动计划"［action plan］这一概念则出现于1889年，也就是忧虑时代的初期）。我应该申请这份工作吗？如果我在这里买房子会怎么样呢？这辆车比那辆车好吗？我应该开车还是坐火车呢？我的猫**真的**出了什么毛病吗？今天上班要带伞吗？应该请她吃饭吗？

我不确定。

在风险评估过程中识别出了风险的存在——比如可能会离家三天却忘带手机，但又正如健康与安全部门人士、银行家和投资经济人所说，我未能"管理风险"，没能避开问题，陷入本该规避的风险之中。噢，多么令人沮丧的自责小插曲啊！忧虑者内心的自我审查使他在到达三号站台时发现——**糟糕**——把手机落在床头柜上了。临行前他明明已经小心谨慎地收拾好手机充电器了，更糟糕的是，他明明就一直担心忘带手机，也反复提醒自己，并向自己保证会记得带手机。（对于忧虑者来说，带通信设备是异常重要的，因为它无疑关乎安心感，关乎保证安全，以及对外联系。）在接下来的几分钟内，三号站台上的忧虑者就仿佛被关押进刑讯室。经过这样的自我批判、自我警告，哪个忧虑者还需要他人前来指出其错误？

赞美解决问题的能力很容易，但若问题解决不了呢？我们被鼓励着去相信有一个"正确决定"，但这对我们的心态几乎毫无帮助，反而催生了愧疚感、不足感和挫败感，陷入过劳状态。我们容易执迷于"正确决定"这个想法。我们的职业生涯无疑都被经理人对正确决定的信念支配着，有时这种信念甚至渗透到我们的日常家庭生活中。经理人对我们说，有个问题，那正确决定、正确解决方案是什么，什么事可以促进问题解决？你的**行动**计划是什么？你采取了哪些主动措施确保**这件事**会发生而**那件事**不会发生？今后恰当的方案是什么？决定可能有的稍好，有的稍坏，可能有比其他方式更好的折中办法，可能有让更多人得到快乐的解决措施。但有什么"正确决定"，有什么关于重大事件的决定，在实施的时候是没有任何困难的呢？

认为理性的运作将带来和谐进步，这一幻梦是难以负荷的。我们日常都面对着存在最佳解决方案的假设，假设会有一些对策和决定面面俱到地把一切重点都考虑在内，而处理结果皆大欢喜。对于理性运作的幻梦，近代以来没有比英国哲学家、功利主义者约翰·穆勒的作品表现得更清晰的了。他是一位鼓舞人心的思想家，认为理性、自由和坦诚的讨论可以带来进步。他是自由社会、出版自由、学术自由、民主及知识价值自由的拥护者，这在他著名的《论自由》（*On Liberty*，1859）中表现得尤为明显。这一切都很好，但也为忧虑者提供了自我打击的有力武器。

穆勒在《论自由》中提出了一个自由主义的梦想，在其中，一切问题都会在自由坦率的讨论和理性思维不受妨碍的推演中迎刃而解。他心怀崇高信念，相信理性的思考会解放真理，异见者之间的讨论会让双方逐渐认识到对方观点的合理性而一同走向共识。穆勒对这种进步怀有巨大而危险的信心："随着人类的进步，人们不再争论或不复怀疑的道理必然日益增多；并且达到无可争辩程度的真理的数量和分量，也几乎可以用来衡量人类幸福的程度了。"[1]而且这一程度是通过对话而不是仅凭权威的论断达成的。

穆勒认为我们在温和表达的前提下不应限制任何意见的表达，对他来说，压制任何观点都只会降低那个完整的真相被理解的可能性。他把自己的辩词总结如下：

一、如果某一意见被压制而至于沉默，但其实我们未必真的不知道，那个意见有可能是正确的。拒绝承认此点就是认定我们自己一贯无错。

二、即使被压制的意见是错误的，它也可能包含并且通常确实包含部分真理；而由于在任何主题上，普遍或通行的意见难得是或从来不曾是全部真理，只有通过与反面意见的碰撞，余下的部分真理才有机会得以补足。

三、纵然公认意见不仅正确而且是全部真理，除非它允许并确实经受了极其有力而又最为认真的挑战，

---

[1] *The Collected Works of John Stuart Mill*, ed. by J. M. Robson, 33 vols (Toronto: University of Toronto Press, 1963–1991), xviii.250.（相关译文引自孟凡礼译本［广西师范大学出版社，2011年］，个别文字略有调整。——编者注）

否则大多数接受者抱持它就像抱持一个偏见,对其理性根据毫无理解或体认。

四、道理本身的意义也将变得岌岌可危,可能减弱或消失,对人的品性行为将不复有重大影响力;最终,由于信条仅仅剩下形式,非但无益于为人增福,而且还因破坏了根基,从而妨碍了任何真实而又诚挚的信念自理性或个人体验中生长出来。

在这背后有一种坚定得几乎令人难以置信的信念,相信人类的进步是通过理性思维的奇迹实现的。关于对立观点的自由讨论,会让人们自然而然地趋向彼此赞同,达成一致。在穆勒看来,能达成普遍一致的东西都是真实可靠的。(他并不担心这种讨论会达成错误的一致。对于众人经由大量貌似理性的思考后采取错误行动这一我们熟悉的场景,他也并未感到困扰。)在穆勒进步论的世界观中,真理被认为是稳定释出的,甚至最终我们有必要去想象一个既定真理尚未达成一致,并且无论如何都要通过辩论维持它的"活性"。所以,苏格拉底方法恰好是穆勒所认为的保持既定真理生命力的绝佳方式。

穆勒在《论自由》中大胆描画的进步叙事,其背景是他认为思想有揭示真理的作用。他将理性视为解放真理的方式、决策的指南、前行的指路灯，视为使截然不同、不和谐的观点归于和谐的方式。处在人类历史及其进程中心的并不是一本书，也不是一座祭坛，而是一场讨论会。然而，忧虑者却不这么看。如果说穆勒的自由讨论、文明生活的民主本质、对国家支配我们的限制、对纯粹的权力控制我们的限制等思想是现代西方文明基石的一部分，那么同时它们也令忧虑者更加忧虑。

自由主义的梦想是，社会通过公开讨论逐渐进步，除了不宽容，一切都是可宽容的；一切皆可讨论，相信由思想带来的正确观点最终会占据上风。但忧虑者深谙，用理性评估各种选项并不一定就能确定下来或达成一致。这不可靠。若理性能回应忧虑，并就什么是真实的、正确的或最好的达成共识，那么就不存在什么问题。我们本可以用一种将所有因素考虑在内、能够得出"正确决定"的思考形式替代神，穆勒将这种"正确决定"称为"真理"。在穆勒宣称的"错误的意见和做法逐步屈从于事实与论证"[1]的回响中，忧虑用理性来展示任何一件事里会有多少可能性、难题和问题，清晰得令人沮丧。通过理性地分析各种

---

[1] *The Collected Works of John Stuart Mill*, p. 231。

决定的后果，忧虑会削弱对"正确答案"的信心，每每足以在信息充足、论证充分、分析深刻却陷入犹豫时使决策瘫痪。

忧虑者明白，陈述相左观点并不总能让问题更明晰，更不用说达成一致了。他们明白这些观点一旦在脑中产生，只会让思绪更加混乱。他们也明白自己在隐晦地批判思想自由主义原则，认为持续思考并不一定导向康庄大道。穆勒的进步叙事仿佛在奚落忧虑者，让他们陷入对自己该如何行动、如何思考的痛苦评估和再评估的泥潭。每一个想法、观点和主张都应受到挑战，或者至少可以被自由地挑战，这一观念对于忧虑者来说绝非美事一桩，毕竟它太贴近我们的日常生活了。

相应地，一些冒险秉持与穆勒相似原则的期刊，其命运也令人尤为印象深刻。博学的英国作家乔治·亨利·刘易斯（George Henry Lewes，1817—1878）和他后来的合伙人乔治·艾略特，于1850年创办了刊物《领袖》（*The Leader*）。与那个世纪中叶的其他期刊不同的是，它信仰言论自由（文章作者均署实名，而不是躲到某个期刊名的抽象权威背后来写作）。它这样做，以及鼓励不拘礼俗地对所有事情公开发表言论，不仅仅是因为编辑厌恶出版审查制度，还因为创始人坚信，通过理性的辩论，争议的话题最终会达成能被普遍接受和大体正确的结论。这是在《论自由》之前"论自由"。

《领袖》的特别之处就在于设立了"公开议事"(Open Council)专栏。专栏中登出不限主题的来函,并宣称"**每种**意见都可发出声音"[1]。但该专栏很快就走样了,来函通常写得十分冗长无趣,还时常对其他作者以及刊物自家的编辑进行人身攻击。后来,著有《水孩子》(The Water-Babies, 1863)的小说家兼牧师查尔斯·金斯利(Charles Kingsley, 1819—1875),公开笔伐过整个刊物。"公开议事"专栏不仅没有实现设立时欲"解放真理"[2](emancipation of truth)的初衷,反而给公众留下了发生分歧和互相谴责的空间,而且尴尬的是,就连一次妥协都未能达成,更不用说达成共识了。在一个对未来感到焦躁不安,怀疑过多思考会把我们带向何方的忧虑者看来,这样的结局完全在意料之中。

穆勒坚信,"解放真理"可以通过有礼有节的辩论,运用成年人的理性能力而实现。他看起来也相信"真理"是能够被解放的,他说:"达到无可争辩程度的真理的数

---

1 *The Leader*, 1 (1850), p. 12.

2 Ibid.

量和分量，也几乎可以用来衡量人类幸福的程度了。"这就是自由主义梦想的另一面：对于所有人类利益攸关之事的理性思考能辨别真理，从而造福所有人，增进人类的**福祉**。忧虑者对此也持怀疑态度。我们更倾向于认为真理、知识和确定性并不具有那样的效用。真理并不必然是美的，也不必然会带来幸福。理性尝试考虑一切因素，力求得出可靠的或可增进幸福的结论。在忧虑者眼中，理性推理的作用无非是让他看到通往困难、问题和烦恼的岔路。即使从最普通的层面出发，我们也知道这一点。"接受这份工作，就意味着我将离开原来稳定的工作，做一份风险更大的工作……""如果我的腿疼真的是因为关节炎，它也许很容易让我没法走路……""如果我把钥匙忘在了车上，车可能会被偷……"除了这些个人的麻烦，还有最为沉重的事情。被穆勒愉快地称之为"真理"的东西，有多少**真的**会增进人类福祉呢？理性告诉我们为"真"的东西，我们又能承受多少呢？

个人忧虑的根本原因可能是根深蒂固的不安全感。当然，正是我们身处的这个充满不确定性与偶然性的世界助长了我们的焦躁。但在此刻，我们要考虑的不仅是这个风云变幻的外部环境，而且是，简单来说，要如何调动内心情绪和精神的确定感来协调配合，以适应这样的环境。

忧虑闯入看起来不甚稳固的建筑，最喜在地基没打牢的地方安家落户，而思想或情感上不确定的个体也就成了忧虑的天然猎物。忧虑最关注的话题当属未来的不确定性——"万一……？"而从本身就不安稳的视角来看，这样的未来似乎更加令人不安。

这种不安全感源于很多强有力的原因，无疑，弗洛伊德等心理学家会告诉我们更多。可能忧虑者私下不想承认的是他内心生活的无根性，无法将自身锚定在确定性或目标之上。其他的人，包括弗洛伊德主义者，可能热衷于关注过去的创伤、分离焦虑和被压抑的记忆。举个例子，我们可以思考一下经典的心理学实验"未被舔的幼鼠"（unlicked rat）。这个实验（绝对不是科学与非人类动物关系史上最糟糕的一个）的对象是成年鼠和它们的幼崽（在英国是小猫，在美国是小狗），实验内容是研究者触摸部分幼鼠几分钟，每天数次。实验结果是，那些被人类触摸的幼鼠在成年后表现得更加好奇、自信和果断，它们体型更大，个性也更加大胆；那些没被触摸过的幼鼠则往往更加胆小紧张、发育不良，它们缺乏自信，对周围环境的反应更犹疑，对新事物和环境改变的适应力也较弱。怎么会这样呢？为什么人的触摸能对幼鼠的成长起到这么大的作用呢？

答案似乎是，在那些被研究员触摸过的幼鼠回窝后，成年鼠会对其进行大力清洁。幼鼠回窝的时候身上带着一股外来的味道，所以每次都会被清洁。但关键的是"舔"这一行为也是鼠类表达关心的主要方式。幼鼠被人类触摸，引起了成年鼠的额外关注，令人不禁以为是这样的触摸鼓励了爱的表达。

在某种程度上，这一实验有压迫性的意识形态色彩，但它似乎确实揭示了一种有影响力的方式，可能会造成人类或是更广义的生物的自信心缺乏。当然，弗洛伊德学说可能将忧虑解读为婴儿因失去了子宫的保护而造成的先天创伤。我们已经有了几种找到个人忧虑之根源的有力见解，但说实话，对任何一种我都还不确定自己是否完全理解或者相信。我关心忧虑之形成的外部因素多于个人因素，更感兴趣的是广泛的、有延伸性的、作为文化语境的那一种，更担心的是关乎所有人而非个人的不安全。我对穆勒持有的真理能对"福祉"有所贡献的自由主义观点持怀疑态度，因为我们**都不是**安全的。

我指的并非心理上的不安全感，而是那些重大而惊心，以及那些充满肮脏、黑暗和悲惨的真相，这是穆勒那鼓舞人心的，实际上带着神学底色的人生观所不能也不愿接受的。（我这里所说的神学，是指他深信秩序、人类社会的可完善性及人们达成和谐共处的能力。）我们生活在动荡、暴力和麻烦之中，其规模大得难以想象。就拿我最近重读的两部文学作品来说，W. G. 塞巴尔德（W. G. Sebald）的《土星之环》（*The Rings of Saturn*，1995）和斯特凡·奇文（Stefan Chwin）的《但泽之死》（*Death in Danzig*，1995）都重述了人类灾难性的历史，不仅从现实维度，更从想象角度探讨了人类史中令人震惊的部分。它们描述了精神痛苦的各种形式，以及人类如何行事的真相，那是无法靠理性转化为福祉的。忧虑可能是对日常麻烦的一种防御机制，是我们抵御常见风险的一种屏障，但最重要的是，它也是一根微小的指针，指向围攻我们和我们真实生活状况的真正危险：我们在一个被过度开发的星球上充满风险地生存着，寿命有限，终有一天会被死亡追上。为了抵御**这些**处境，通过真理总能增进福祉的说辞来掩盖它们，这样的做法是荒谬的。

理性的终点并不如穆勒所说。它的终点是我们在最糟糕的时刻，意识到人类生活无可慰藉地荒唐可笑。若从世俗和唯物主义观点看来，穆勒对事物的真实、真实的事物的期望所带来的所谓满足感就是难以理解的。神话和虚构让我们过得更好、更快乐；不思考事实让我们过得更好。从这个角度看来，忧虑者似乎更能看穿幸福在于伪装和误读，而不在于直面现实。我们是现代世界里新的远见者、诗人和预言家,我们看到的真相恰好与穆勒相反:我们知道人类生活于谎言之中会更快乐。

考量《论自由》及其引申意涵,也使我意识到对日常琐事的忧虑也能带来特别的微小好处。虽说也会在思考的终点遇到可怕的事物,但平常普通的忧虑使我们对实际上更可控的事物保持关注。它让我们重视平常普通之事;常态化的、日复一日的忧虑所关切的事情,是我们**的确**有些能力控制的,我们有解决事情的可能,有免于陷入最糟糕的"万一……?"境地的可能。普通的忧虑使我沉浸于个人生活中,于是这目前看来至少是部分可控的。这种忧虑使我回到自身生活的微观层面,去做一些"小小的"决定,我在这上面是有**些许**作为的。看似矛盾的是,忧虑也会令人感到心安:它一般都很有局限性,关注着生活的细枝末节,这真是令人欣慰。不论有多忧虑,只要多费点力,我们就**能够**决定是否申请某份工作,要买哪辆车,要不要去医院看脚趾。这些决定可能是困难的,甚至是错误的,但至少在我们平凡生活的小世界中,这些决定是我们能够做出的。起码在大部分时候,我们的忧虑不至于让决策陷入完全瘫痪;而即使陷入瘫痪,忧虑也仍使我们关注生活中的细节而非宏观的事务。通常,忧虑指向的是只要我们及时采取行动,就**能**有所作为的事。忧虑,焦躁地评估着生活中的各项选择，看似使我们从快乐中分心，但它亦能使我们从非比寻常的麻烦事中分心出来，投入到对日常乏味琐事的焦虑中。这样看来，普通忧虑反而成了美事一桩。"想象中的恐怖远过于实际上的恐怖。"[1]麦克白这样说道。他是对的。

忧虑随着思考能力一同产生，而在我们文化的最深层叙事中，思考正是人类意识中最具决定性的能力。反过来，忧虑每次都为"下一步"挑刺，认为决定和幸福都是有问题的，因此制造了很多焦虑。潘多拉从魔盒中放出的东西中，一定有"思想"。现在我们公认的是，定义一个自由人的关键，不仅在于其拥有为自己思考的能力，更在于拥有为自己思考的权利。而这也是"自由"一词如今所含有的最重要的智识和伦理上的定义的一部分，是民主的基石，也是我们对人类社会的乐观态度的基石。然而当初作为政治和智识上的目标的个人自由，也在近来变成经济性的了。有一个词能极好地表达"自由"的含义，而且其影响可再一次追溯到独立思想的诞生——选择。

当全能而又专断的神灵消失，选择随即出现了。一旦人们无力完全控制它们，它们就会从牢笼中逃出，从而衍

---

[1] *Macbeth*, 1:3:136–137.

生出无数可能性、决定和困境。选择的存在本就标志着自由，哪怕《旧约·创世记》中将其归为原罪的恶果，但现在我们比以往任何时候都更需要做出选择。就像亚当和夏娃离开伊甸园那样，我们当然也可以选择去哪里。正如弥尔顿说的那样："整个世界放在他们面前，让他们选择安身的地方。"[1] 但我们要找寻的不只是安身的地方（暂且假设确实存在这么一个地方），当代的市场经济鼓励我们选择所有东西，这不再是原罪或者其后果，而是自由和成功。然而，在当代世界的政治和经济形势下，选择的特权却给忧虑者的生活带来了更多挑战。

选择的特权是自由市场经济的必然结果。自由市场经济倡导公开竞争，视其为繁荣发展的动力。除此之外，竞争应当能保证质量，或者用它的现代说法——"物有所值"（value-for-money）。理论上，我买一杯咖啡的选择权激励着商家提供质量更好的咖啡、更佳的服务，变得更"物有所值"。自由市场的理念与以下观念密不可分：如果每个人都"自由"了，不仅可以为自己考虑，还可以在法律

---

[1] John Milton, *Paradise Lost*, ed. Alastair Fowler, 2nd edn (Harlow: Longman, 1997), Book XII, ll.648–649.（此处译文采用朱维之译本［上海译文出版社，1984年］。——编者注）

规定的范围内与他人竞争，那么人类生活就会在各种意义上变得丰富多彩。反过来，自由市场又成了相信个人有"权利"根据自己的独立决定和自由选择来行动的经济基础，社会鼓吹我们有"权利"按自己的方式生活，并将自己的想法和感受都纳入考量。更微妙的是，我们被诱导相信改善自己的处境就是促进集体利益。尽管"选择"这一概念，尤其是经济学中的选择概念，人们很少敢于用它来考虑更大的社会利益问题，但"社会利益只能通过我们的个人满足去实现"这种未言明的假设仍然暗暗存在。在为自己选择、追求的过程中，我们显然也同时在为他人服务。

选择权现在成了关于人类自由的政治主张的必要组成部分。在英国，即使我们宁愿有一家提供高质量服务的医院，我们还是被要求重视选择权，我们可以在几家据反映质量参差不齐的医院中进行挑选，因为这种选择证实了我们是行使选择权的个体，我们可以表达自己的偏好，可以选择最适合自己的服务。个人选择的范围大小不仅至关重要地反映了市场繁荣的程度以及"自由"作为一种经济原则的成功与否，更反映了选择者是否发达和成功。若一个人拥有选择任何可选项的资源，这就表明在那个特定市场内，他已获得最大的成功（吃这种饼干还是那种；住这间旅店还是那间；上公立还是私立学校；去公立还是私立医院；买游艇还是私人豪华潜水艇）。选择标志着个人自由，也彰显了个人的成就。

然而做选择是一个大难题！就连市场摊位上摆放的四十种不同的手工皂抑或六十多种不同的蜡烛，都是最小的麻烦事。[1] 要选哪一种呢？罗甘莓威士忌慕斯真的要比纯黑莓味好吃吗？只含果糖的草莓酸奶更健康吗？当真实的市场上充斥着令人眼花缭乱的选择，反而很有可能让消费者感到困惑，导致销量下降。当然，我们期待市面上有各类选择以供挑选，但这应在一定的限度之内。过多的选项会使选择瘫痪，即便对于非忧虑者来说也是如此。在六个蛋糕而非六十个蛋糕里做选择会容易得多。成为素食主义者的一大体面的理由（当然，还有更好的理由）即减少了点单时的艰难挣扎。到底哪样前菜会最让我满意呢？我要

---

[1] 阿勒纳·塔根（Alena Tugend）2010 年在《纽约时报》发表了一篇关于选择瘫痪的文章，题为《太多的选择：可能会导致瘫痪的问题》（"Too many choices: A Problem that Can Paralyze"）（参见 http://www.nytimes.com/2010/02/27/your-money/27shortcuts.html?_r=0，最后访问时间：2014 年 2 月 4 日）。希娜·艾扬格（Sheena Iyengar）《选择的艺术》（*The Art of Choosing*, New York: Twelve, 2010）一书中探讨了经典的果酱实验。肯特·格林菲尔德（Kent Greenfiel）的《选择的神话：极限世界的个人责任》（*The Myth of Choice: Personal Responsibility in a World of Limits*, New Haven, CT: Yale University Press, 2011）则分析了充满虚幻选择的现代世界爱情故事。

点哪样主菜呢？（如果点了，我会有多后悔没选另一道？）哦不！我是一个素食主义者：请给我一份山羊奶酪和红洋葱馅饼吧。真是松了一大口气。

围绕资本主义社会中"选择权"的内涵形成的压力，将燃料投入忧虑的引擎室，越发增加由"思考将我们定义为人"这一更基本的事实引申出的热力。若质量能通过其他途径得到保证（暂且假设商品质量**确实是**由自由市场保证的），事情不是变得更简单吗？父母们都在竭力研究哪家学校更加适合他们的孩子；至少在英国，病人可以选择在哪家医院接受治疗。这时候，当地的学校或最近的医院的确会有很强的吸引力。哪怕从理性角度讲，我们想尽可能选择能力范围内最好的，但选择面变窄有时也是一种解脱。全部的数据——排行榜、宣传册、检查报告、财务报表——并不总是有用的，不是因为这些信息稀少或难以获取，反而是因为它们显然很详细而且公开。信息的丰富加大了选择的难度。"如果解读排行榜是一件简单的事就好了。如果我们知晓内情，能理解这些数字、这种和那种指标分别意味着什么就好了。"焦躁不安的家长和病人如是说。（无论如何，排行榜不是会导致一些本末倒置的行为吗？——忧虑者可能是最先注意到这点的人。难道排行榜不是在鼓励各种机构做出一些能优化排名的行为，哪怕这些行为并不能在实际上提升质量？）被逼着做选择真是一件辛苦的事。

现代资本主义社会提供了更多选择（至少它是这样**宣称**的），也使人们做选择时需参考的数据量增加了。政治权利对选择的颂扬更为热切，视其为"自由"的象征、显然不可剥夺的权利。但若将选择的逻辑逐步推演，那么失败就应归咎于个人的错误决定，这根本无益于我们的精神福祉。如果我女儿上学不开心，那是因为我没有用心看那些宣传报告，做出错误决定。又或许是因为我年轻时没有上夜校，没能提高自己的素质，从而影响了我的工作和收入，导致如今只能送女儿去这样的学校。若我家后门没有修理好，那是因为我在选择修理工时偷懒了，没有做足功课，又或许是因为我的工作不够理想，请不起更好的修理工。若我们不善于选择，或是没有足够的资源做选择，那就只能怪我们自己。如此看来，失败便直接等同于个人的判断错误。这种市场理论和关于选择的意识形态对我们的影响是惊人的。

外科整形行业告诉我们，我们可以选择自己的相貌。[1]

---

[1] 在蕾娜塔·莎莉塞（Renata Salecl）的《选择》（*Choice*, London: Profile, 2010）中有关于当今人们选择范围的完整描述。

后现代世界灵活的身份认同也意味着我们可以选择不同的人格，甚至种族和性别。我们可以**选择**自己是男是女、皮肤黑白、个子高矮、鼻子大小。网络聊天室允许我们在虚拟世界中扮演一个全新的角色和身份。我们可以假装自己是一个完全不同的人，这不是出于可疑的或犯罪的目的，而是为了好玩，为了探索自我身份的新版图。这些，以及我描述的充满选择的现代世界，**本身**都并非坏事，从各方面看来都值得庆祝。但它们同时也带着些许尴尬的副作用，那就是再一次令忧虑升温。广告告诉我们，购买这种或那种商品后，我们就能选择这种或那种生活方式，成为想成为的人，拥有我们想要的容貌。我们能选择一种商品，也能选择相信与之相关的存在方式：我们可以选择购买一种新的存在方式，哪怕它虚无缥缈。更加讽刺的是，我发现保险广告娴熟运用的那套说辞，讲的正是自由市场和令人窒息的选择世界令我们越来越难得到的东西。保险广告告诉我们，买保险可以买到"安心"。无忧无虑的心境居然也成了商品！而且一如购买其他东西，若我们买不起或无意买这些保险，那全都是我们的错。

更令人难以抗拒，也同样诱发负罪感的，是这种有关选择的修辞以及对选择的"管理"在我们的职业生活中的植入。这更难以抗拒，仅仅是因为我们不接受的话会带来麻烦，甚至可能会被解雇。确实，现代的人力资源部门或人事部门以各种方式接管了过去英国工会的工作。人力部门负责处理合同。他们监管我们，确保在雇人的过程中没有歧视、男女同工同酬、签订定期合同的雇员和开放式合同的雇员得到同样的支持、职场欺凌得到有效的解决。他们所做的事情是有价值且必要的，但在使劳动力驯服这一点上，人力资源部门与管理层已十分接近，而现代管理学的设想正日益促使我们认为，在工作中成功与否主要关乎选择。

显然，我们可以**选择**通过参加这样或那样的课程来提升领导力和谈判能力，也可以选择参加时间管理课程来更好地管理时间。在我这一行里，只要愿意，我们显然可以选择更好地授课，写出更好的书。而这一切的关键并不在于能力，而在于决定和决心。人力资源部门会告诉我们，我们应当在这些方面接受培训，在那些方面"拓展能力"。我们能选择提升自己。如果事情进展非常糟糕，我们甚至可以选择参加愤怒管理课程——看来，我们也可以选择要不要在工作中发火。我们的个性以及能力都并非最重要的，因为决心能改变这一切。这就是"自由"这一概念在职场上的广泛延伸，这种延伸将自由变为一种强制。

职场中越来越多的"福祉"论调也同样是关乎选择的。

我们知道，数个世纪的哲学、文学和艺术都花费了极大精力探讨什么能使人快乐或变好这一棘手的话题，但滑稽的是，人力资源部门却向我们保证他们有答案。我们可以选择，可以通过参加更多课程来学习"管理"自身感受的技巧。

这就是"自由"的话语所带来的诡异的、不合情理的结果。这种选择概念还裹挟着道德谴责的另一种当代形式：在选择的话语中，若事情出差错，那就还是因为我们自己的错；我们的不愉快或不成功都得全部或部分归咎于自己——无论在工作中，还是在为孩子择校或在餐厅点单时。我们在学习中犯了错，我们没有参加某类课程，因此才会判断失误或理解失误，做出错误的选择。达里安·利德（Darian Leader）思考并很好地表述了认知行为疗法的文化，以及我们可以选择成为什么样的人这种观念的疗愈作用。他在《新黑色：哀悼、忧郁和抑郁》（*The New Black: Mourning, Melancholia and Depression*，2008）一书中称："（认知行为疗法）把人遭受的各种病症都看作错误学习的结果，认为通过适当的再教育，人们能纠正自身行为并接近自己心中理想的目标。"[1] 我们难以抗拒这一结论所包

---

[1] Darian Leader, *The New Black: Mourning, Melancholia and Depression* (2008, London: Penguin, 2009), p. 18.

含的逻辑，因为它告诉我们可以通过训练使自己快乐起来，比如在工作中，我们也可以把自己训练得一点也不为同事傲慢和自我中心的表现感到生气。我们的悲愁和抑郁所关涉的根本错误，或者任何悲伤、痛苦、困惑和忧虑的根本原因，都是我们没做出不同的选择。

我们为做选择而忧虑，为选择失误带来的负罪感而忧虑——人类获得了思考和决定的"自由"，这却让现代忧虑者举步维艰。我们忧虑者是谦虚的，但在如何对待自己的问题上却拥有真正的检验方法。虽然我们的文化中各类选择泛滥，但值得注意的是，生活中仍有一个领域由命运而非选择有力地主宰着。仿佛，命运和全知全能之神的相关话语被迫回退到用来攻击和威吓，因为在别处已被排斥。我指的是爱的话语——浪漫。"真命天子/女"（The One）一词反复被各类杂志、电影、报刊使用，它指代命运中等待单身者发现的完美灵魂伴侣。"他是你的真命天子吗？"父母或朋友总是这样问，希望女孩最终成婚。这是新版的例行问题："你什么时候能安定下来？"在过去，父母总询问他们女儿未来伴侣的收入、前途和家庭背景，但他们现在更倾向于照搬杂志用语。"她是你的真命天女吗？""他是你的真命天子吗？"我们很难回避这类重大问题。在关于我们决定与谁共度一生的很多流行叙述中，"命运"起了显著的作用:"穿过拥挤的房间……然后不知怎的,你就知道。"在这里,丘比特在我们如何做与爱情相关的选择的流行构想中忙碌地穿梭,说服我们这个世界上只有一个人会给我们带来真正的幸福,而我们的选择只不过是服从他的意志而已。遇见唯一的真爱——可能是在工作时,或在西雅图的酒吧等人时,又或偶然在公交车站时。命运回击了这个令人焦躁的充满选择的世界。但这实际上还是没能让事情好转。我们现在要忧虑的是自己是否真的能明白命运的提示——是的没错,命运安排妥当了。

选择与个人责任的话语可以延伸到很广的范围。在我看来,威廉·格拉瑟(William Glasser)的《选择理论:个人自由的新心理学》(*Choice Theory: A New Psychology of Personal Freedom*,1999)尽可能地将自由市场和个人身份联系在了一起。但我**希望**这种联系至少可以到此为止了。《选择理论》是一本自助书,带我们到达选择的话语、"自由"的话语和人类幸福之源交汇的最前沿。讽刺的是,这也是一本关乎忧虑的书,它所使用的术语、条件和假设都正好描述了我们当代的忧虑。关于自由、选择、决定和理性力量的话语,在此处大胆乃至咄咄逼人地反过来攻击它们曾共同带给世界的一样东西。

对格拉瑟博士来说，选择关系着我们的爱情、人际关系和幸福快乐。它的确从根本上决定了我们是谁、我们是怎样的人。毫无疑问，选择是给忧虑者的答案。格拉瑟博士认为，我们在这个世界出生，马上就学会了靠啼哭来控制父母，却要用毕生去消除控制他人的欲望。我们得承认他人有选择的权利，更必须摆脱这样的信念：幸福和自我价值是通过让他人顺从自己而实现的。同时也必须要意识到，我们直接或间接选择了自己会成为怎样的人、如何感受、与谁相伴，以及我们的未来在哪里。这取决于我们个人，取决于我们对自己而非对他人的控制。

这种对自由的区分旨在说明，每个人显然都可以自由地成为他们希望成为的人，而不必与他人的欲望相冲突。这进而就发展成一种再大胆不过的表述：我们有多大自主权来决定自己是谁。《选择理论》一书与精神健康有关。假如我们因为一段关系的破裂而感到抑郁，那么将自由市场那一套积极转移到个人感受中，就可以说抑郁是一种选择。格拉瑟博士创造了一个别扭的动词：我们选择"去抑郁"（to depress）。这个从名词变来的动词强调了我们对不快乐的主动选择。他不无得意地指出："（很少）有人愿意承认自己的生活出了很大的问题。我们更乐于把自己的不适归咎于精神疾病。"[1]但事实只是,我们**个人**主动选择了"去抑郁"。无论这个观念是多么引人深思——我们的情感反应是自己的责任——它都带着一种经过充分修饰的谴责。这是新式选择文化中关于罪恶的话语的极点,我们忧虑者尤其不需要它。

格拉瑟博士认为,"选择理论"的精髓就在于运用动词描述我们所选的事物(如"去抑郁"就是一个典型的例子)。他声称,动词即该理论的体现,因为它让事物活跃,并创造了一个行动者——这意味着名词确实是一种供有意挑选的东西,是借以栖居和生活的。除此之外,动词还需要一个主语,一个如此行动的主体,也需要这个主体来确证选择理论的基本命题:我们的感受和发生在我们身上的事情是由我们自己决定的。我们的精神状态如何、遭受了什么,以及我们对此的反应,这些都是我们的选择。对动词的特别使用,尤其是使用"去抑郁",确认了选择理论所描述的苛刻世界。在这种情况下,我们甚至无法躲藏于语法规则之后,宣称一些事情的发生是外界强加于我们的,比如抑郁。是我们选择了抑郁——也是我们选择了忧虑。

---

[1] William Glasser, M. D., *Choice Theory: A New Psychology of Personal Freedom* (New York: Harper Collins, 1999), p. 86.

这种说法实在太强硬了。一个被性侵破坏了生活的强奸幸存者感到抑郁，难道也只能归咎于自己，是自己在经历强奸后**决定**抑郁？这个理论甚至不能承认一些最明显的事实，即在某些极端事件中，人会被剥夺选择权，因为我们的自主性被撕扯开来，我们无法选择如何应对，无法控制何事降临在自己身上。选择理论所营造的"强硬、负责"的世界，想要说服我们不管怎样幸福都掌握在自己手中，或者说想要赋予我们这种能力。似乎无论发生什么，我们都可以选择接受还是拒绝。

行为主义的反对者格拉瑟博士鼓吹我们相信，我们可以在基因允许的范围内选择自己的生活。基因是他唯一承认的能阻碍我们选择的因素。这实际上是一种政治权利的极端表达方式，是在精神健康方面对人类自由和自决权的拥护。我们一定是自由的，也一定要为自己负责，因为除了基因，没有任何东西可以阻碍我们。因此，也就没有什么可以归咎于人，只能怪我们自己的决定。若我失败了，我（和你）知道这该怪谁；若我成功了，我配得上所有的荣誉（我相信你也会认同的）。若说在现代资本主义社会，拥有选择是困惑和焦虑的源泉，那么选择理论更是孕育内疚、自我批评和自我责备的肥沃土壤。"我不仅发现做决定是件很难的事情，发现必须为追求成功或幸福时的错误决定否定自己，我还须预料到别人都认为我是造成自身不幸的始作俑者。我已选择了自己置身何处，以及如何感觉、如何生活。"

个人"自由"的信念强烈地诱使我们相信，除了基因的牵绊，人类是完全自由的。这是我们的发达资本主义理论中一个难以推翻的政治假设。它根植于某种关于自然秩序的认识，这一秩序像18世纪和19世纪早期的自然神学描述的那样连贯和有计划性。这种相信个人自由选择最为重要的观念通常附带一个假设——即便人们并不常提起——如果每个人都能追求那些自由做出的选择，一切都会好起来。个人自由是人类文化的根基，完整表述这一观点所需的前提是人类这一物种有着某种神秘的或神赐的秩序——这一点永远无法得到检验，也很少有人提及。这一秩序意味着，当世人都获得了基因范围内最大限度的自由，能按照他们自身的欲望、选择和需求行事，世界便获得了最大的成功和幸福。在如此设想的美好未来中，可能一切都只是个人的选择，个人遵循各自的逻辑，追求各自想要的东西。与此同时，那也是一个井井有条而又安全的全球社会。这是对约翰·穆勒在19世纪中期提出的信念——如果我们能自由思考和讨论，世界普遍的福祉必将增加——的大胆扩充。

若忧虑者怀疑这一切，用其受困扰的心智去设想，或许会发现这种解决办法跟源头一样成问题。据我所知，忧虑者中没有谁愿意失去我们在力所能及时为自己思考或做决定的自由。尤其是当我们意识到这是有关选择、有关理性思维的问题，就很难认为消除忧虑之苦的答案是剥夺做决定的自由。更具体地说，目前关于选择的话语的政治论据似乎还并不充分。哲学家和社会学家雷娜塔·萨莱科（Renata Salecl）在其书名直白的《选择》（*Choice*，2010）中提出，所谓选择，从来就是一种转移注意力的方式。正当全球金融危机时，她写道：

> 在这充满危机和不确定性的时代，我们有必要去反思社会不平等的本质，去寻找资本主义发展道路的替代品。而从根本上遮蔽这种必要性的，就是正向思维的意识形态。当个人被弄得感到自己是自身命运的主人，当人们遭受社会不公时就祭出正向思维作为疗病的灵丹妙药，自我批评就在逐步取代社会批判。[1]

这显然成了左翼与右翼之间的争论：一方以社会为优

---

[1] Renata Salecl, *Choice*, p. 31.

先，而另一方以个人为优先；一方关注社会结构的约束，而另一方关注个体对自身命运所负有的责任；一方崇尚社会集体责任，而另一方崇尚个人选择。萨莱科反对的是关于选择的话语所产生的遮蔽效应——这很有道理。她认为它只会让我们相信，我们要为一切问题负责，而且无论涉及什么问题，对选择的颂扬都是结构性改革的阻碍。在萨莱科的论点中，选择关注的都是细节层面的东西，它总是停留在个人愿望和欲望之上，反而阻碍了我们关注一些更大、更具威胁性的问题：气候变化、腐败、全球正义、经济危机、贫困、暴政。

此言不差，但个人选择的成本也不容忽视。若在选择文化的扩张中，"自我批评正在逐步取代社会批判"，那么自我批评同时也在付出代价。当忧虑者阅读自助书，希望兴许能找到一种疗法时，了解究竟是什么应该被"治愈"，以及我们是否真的有能力做出别的选择是很值得的。

忧虑者需要的不仅是改变对自己的个人信念，或者决定去参加某门课程。我们要做的不仅是坚信事情会比我们所担心的要好，也不仅仅是去相信我们能更好地管理自己的情绪和感受，控制住自己。我们忧虑者似乎不得不从漫长得可怕的道路倒退回历史原点，只能——从头开始。但是根据之前对古代世界和西方社会基本文化（也不是很古远）的了解，我们根本难以**想象**人类掌握思考能力之前的社会是怎么样的。既然如此，我们可能真的得回到一个我们毫无头绪的起点，走一条不同的路，寻找做选择的新方式，以及不依靠理性和自由选择来定义人类的方法。

在当代世界，我们的理性思维早已陷入了患得患失和东怨西怒的衰弱状态，这是看似无辜又愉悦的选择所带来的严峻的、政治化的后果。但最初的关于理性的问题，以及由此而来的人类长久以来的忧虑状况，不论其具体内容为何，还原封不动地杵在那里。而自那无法追溯的时代以来，自人类开始思考世界伊始，这些问题就已经存在了。

Ⅳ 请接受我心烦意乱的感谢

《特洛伊罗斯和克瑞西达》第五幕第二场

令我感到忧虑的是，本书呈现出一个典型忧虑者的所有症状。它看起来就是它自身这个令人憔悴的话题的投射。我在上文中的推论进展迅速，从一开始思考后门是否锁好这种琐事，到后来描述生活在一个受理性支配的世界与现代资本主义社会中会面临哪些严重问题。可以说，本书还披着一层不怎么振奋人心的宿命论的外衣——既向往人道，又感到消沉，觉得终究无可作为，难以解脱，于是徒有哀叹。到现在为止，本书探讨的焦躁感，不仅关乎后门是否锁好这样微小的不确定性，实际上还关系到无法摆脱的历史力量合流而形成的宿命。在这一点上，规模大小的问题是具有荒诞性的。伍迪·艾伦（Woody Allen）在《安妮·霍尔》（*Annie Hall*，1977）中捕捉到并嘲笑了我在逻辑上爱走极端的态度，以及在普通的想法和问题上钻牛角尖的疯狂的思维习惯。这是一部有关神经质人士的喜剧片，讲的是主人公因为不安全感和怪癖而搞砸了一段关系。在电影开头，童年的艾尔维·辛格告诉医生，他不想写作业了，因为宇宙在不断膨胀，总有一天一切都会分崩离析。在这样厄运将至的环境中，他想不出为作业操心的理由。

本书以各种不同的角度审视问题，这也是忧虑者的特点。我最喜欢的词语是"但是"，这是初步的优柔寡断，也是冥思苦想却无法解决问题的原因所在。"啊！是的，但是还有另一种思路……你想到过**这点**吗？你确定这是看问题的**唯一**方式吗？"到目前为止，我发现很难不把一切都与潜在的忧虑关联起来，忧虑就好像导致一切干竭的破塞子那般。詹姆斯·乔伊斯暗中鼓励读者去理解1904年在都柏林街头漫步的利奥波德·布卢姆周遭的语言，其中透露出他潜在的焦虑。心理困境的力场悄然塑造了叙述话语，忧虑从最随机和看起来最无关的事情中渗入、渗出。本书关注的焦点是忧虑本身，我不断回到这一点：背景音乐似乎是无法改变的。当然，那些无忧无虑的人可能会问：别把一尊文艺复兴时期的代表雕塑看作"忧虑诞生"的标志不行吗？就不能够想想其他愉快点的事情吗？

忧虑中总包含着喜剧和愤怒。忧虑的痛苦是真实的，有时它甚至是忧虑者脑中最真实的东西。若欢笑难以缓解忧虑，某种程度上它亦可能成为忧虑的一部分。莎士比亚在其戏剧作品中，会在沉重乃至悲惨结局的开端使用喜剧手法。无意间掉落的手帕应该属于喜剧情节，带有身份错位或欲望受误解的幽默。但在《奥赛罗》（*Othello*）中，那块掉落的手帕却给了主人公致命一击，成为其妻子不忠的证据，最终导致了两人的死亡；《理查二世》（*Richard II*）中，再三掷下决斗手套的举动带有喜剧性，莎翁把本该充满英雄气概的勇敢承诺变成一系列哑剧般的荒谬举止。悲剧和灾难可能会牵涉一些看起来有喜剧色彩的事情，又或以喜剧开场，而在忧虑中，痛苦艰难的事情也可以看起来非常滑稽，忧虑催生了愉悦。"没有任何事比这样的不幸更可笑的了，我同意你这看法。"塞缪尔·贝克特（Samuel Beckett）的戏剧《终局》（*Endgame*，1957年首演，题为 *Fin de partie*）中，角色内尔如是说。这是"世界上最滑稽的事"。[1] 贝克特的剧作总体来说挖掘了内含于悲惨中的令人不适的喜剧性，有时甚至会令人捧腹大笑。内尔的台词讲的就是喜剧性的荒诞，哪怕身处可怕至极的环境之下，

---

[1] "Endgame" in Samuel Beckett, *The Complete Dramatic Works* (London: Faber, Faber, 1986), p. 101. 相关译文引自赵家鹤译本（收于《是如何》，湖南文艺出版社，2006）。——编者注

人们也愿意找一些有趣的话来说。但同时，贝克特也关注痛苦如何作为喜剧的近邻，只是稍微改变一下视角，痛苦看起来就有趣可笑了。

有了忧虑，平凡或者荒诞的事情也径直变得有趣起来。喜剧的一个久远传统即小题大做。回到莎士比亚，《第十二夜》有一个喜剧性的次要情节，是关于对一封恶作剧信件的解读，信中表明奥丽维娅爱上了管家马伏里奥，要求他穿上黄袜子和十字交叉的袜带，并在奥丽维娅面前永远微笑，而对其他仆人粗俗无礼。神差鬼使地，马伏里奥竟对此信以为真，改变了自己的行为和外表。看到此处，观众带着罪恶感笑了起来。但我们应当注意的是，这一切是因为马伏里奥太过大意，他被一封看起来明显是伪造的信件欺骗了。由微小的误判、对不确定证据的偶然解释所衍生出的故事都在告诉我们，忧虑在生活中是如何起作用的。

忧虑确实很小题大做，在忧虑者的脑中，故事的起点和结局之间早就填满了荒谬、反高潮和嘲讽。"你觉得你让那扇门开着，会发生**什么事情**呢？你不会**真的**认为会发生这种事吧？真荒唐真**有趣**啊！"

忧虑者的思维习惯并非不可能让他乐在其中。有些事在我们陷入思考而让结论迅速失控的过程中确实会显得很有趣。重复可以是有趣的，焦虑的推理也如此，部分因为它也**的确**可以算作一种推理，或者说起码看起来像。英国小说家兼记者杰罗姆·K. 杰罗姆（Jerome K. Jerome, 1859—1927）戏仿殖民历险的喜剧小说《三人同舟》（*Three Men in a Boat* [*To say Nothing of the Dog*]，1889），至今还有不少读者。在其开场中，作者拿"疑病症"（现代健康相关术语）开起了玩笑。故事的叙述者 J 十分担心自己的身体状况，在故事的开头，J 向读者展现了诊断是多容易失控：

> 我记得有一天，我到大英博物馆去，想找些书看看什么方法可以医治我那时正患着的一种小毛病。我得的是枯草热吧，我想是这么回事。我把书打开，把要看的都看了。随后，又漫不经心地随手翻了几页，懒懒地看起各种疾病的症状。我忘记了首先看的是什么病了——反正是一种吓坏人的要命的玩意儿吧。我看了一会儿，还没有把《前驱症状》的一半看完，我便知道不用说我害的正是这种病。
>
> 有好一会儿我坐在那里一动也不敢动，简直害怕死了。在绝望中，我又无精打采地翻了几页。我看到伤寒那一节——把病症看了看——发现我原来还在生伤寒病，一定是得了好几个月，可自己还一无所知。——

我继续想自己到底还有什么病,于是又翻到舞蹈病看看——果然不出所料,我也得了舞蹈病,——我开始对自己的疾病发生了兴趣。我决定寻根究底,看看我一共害了多少种病。于是我顺着字母从头查下去——先看疟疾,发现自己正患着这种病,大概再过两个礼拜就是急性期,肾炎呢,我松了一口气,原来病势还不重,根据我的病情来看,或许还可以活好些年。霍乱我也得过,而且有严重的并发症。白喉呢,我好像是一生下来就有了。我小心翼翼地按着26个字母一个一个查下去,最后我断定,我唯一还没有得的病是通常女仆才得的膝盖骨粘液囊炎。[1]

这是个危险的、近乎低俗的笑话。霍乱、白喉、伤寒,这些疾病在19世纪大多都是致命杀手,(肾小球)肾炎是当时一种严重肾病,也不属于引人发笑的素材。笑点在于J所困扰的起点(他得的是枯草热吗?)与后来诊断自己多种疾病缠身的悲惨结果,这二者间的脱节感。枯草热最早

---

[1] Jerome K. Jerome, *Three Men in a Boat* (*To Say Nothing of the Dog*) (Bristol: Arrowsmith, 1889), pp. 2–3.(此处译文采用关品枢译本[商务印书馆,1995年]。——编者注)

记录于19世纪20年代，对这种疾病的抱怨显然毫无男子气概，文段嘲讽了一个为疾病焦躁不安的男人容易流露的神经质式的柔弱。从书中可以看出J和他的朋友算不上血气方刚，但喜剧的笑点也不在于他们"缺乏男子气概"的反应，而在于事件开头和结尾之间的脱节感。有趣的是，此段叙述中令人不安的因素就在于J的那些结论显然是有凭有据的，它们都是以"实情"对应医学词典查到的特定病征而推理得出的，结果却离谱得很。

在英国，也许特别是在英格兰地区，有着从悲伤和忧愁中迸发笑声的悠久传统。这并非残忍无情，笑声是源于痛苦的，两者本应互不相关，却始终并存。忧虑只是这种看似不可能却始终相伴的关系的一个例证。忧虑的重复模式如同生活中的宣传词和标语。就好像我们是查尔斯·狄更斯（Charles Dickens）小说中的人物，抑或乔纳森·萨弗兰·弗尔（Jonathan Safran Foer）出色地处理悲伤的作品《了了》（*Everything is Illuminated*, 2002）中的那位翻译，忧虑者需要传递可即时用以自我识别的词组和主题，即使仅能传递给我们自己。我们有属于自己的座右铭和主旋律，就好像戏剧舞台上的喜剧人物，说着同样的话，做出同样的反应。

有时，忧虑那种严肃态度和对自身情况的正经认真令人忍俊不禁。有时,我们只能对忧虑一笑了之,不管这样是好还是坏,因为在现实世界中我们往往也别无他法。"你不会**这么**较真吧?""荒谬至此,除了笑一笑,你还能要我怎样?"从某种程度上来说,对荒唐事的嗤笑意味着人们无法改变生活中的古怪处境,但也说明荒谬之事**的确**很有趣。这**太**荒唐了,我只能大笑。那个不断把巨石推向山顶的西西弗斯是现代人的悲剧形象,但同时也让我们黯然一笑。

嘲笑忧虑,或者在忧虑中发笑,都可以帮助我们调和忧虑,这也隐隐提醒我们有另一种思考焦躁不安状况的方式。如果我们移除忧虑的**痛苦**、焦躁的头痛、悸动的脉搏、陷入恐惧的纯粹苦楚、失眠或者在日常生活中伴随着忧虑者的沉重心理负担,那么,有关忧虑,或许还有一些体面的事情值得一谈。说来奇怪,也许忧虑对我们有益。像忧虑者那般思考,在真正的忧虑之外,还可能有潜在的补偿。

我在前面做过一个宏大的论断,即忧虑者可以站在一个更好的角度看穿自由主义思想的某些假设,以及选择理论所制造的这个充满问题的世界。但除此之外,忧虑还能带来更多的好处。一些严重的精神疾病在进化上的优势目前已受到广泛讨论,尽管至今仍未达成共识。理解精神疾病的方法之一,是承认它自有其意义。正因如此,严重的精神疾病也有理由成为人类生活的一部分。找不到神明，现代进化论科学家便往往只能将这种精神疾病的意义归于神明的替代物：进化生物学的冷漠却似有助益的力量。

查尔斯·里克罗夫特（Charles Rycroft）是英国精神分析师兼心理治疗师，他在1968年写过一本很有影响的书，题为《焦虑症和神经症》（*Anxiety and Neurosis*）。书中，他讨论了焦虑的一些进化优势，认为它可以抵御其他更严重的精神疾病，是预防精神衰退的天然手段。不同于早期作家的观点（有时会担心忧虑是悲惨地滑向严重精神疾病的开始），里克罗夫特反而认为低水平的"焦虑"在进化中的功能是让人**免于**发疯。他提出，焦虑"是人在遇到危险、问题或机遇后形成的警觉状态，通常发生于当事者还未看清事情的确切性质，不能确定其是否属于他所熟悉的领域之前。"[1] 这种警觉是很重要的，它具有保护作用，使我们有能力防范身体和精神上的危险。

我觉得这个理论的逻辑不难理解——忧虑可以让我们在问题变得更严重甚至难以收场之前，识别它并提出可能的解决方案。从某个方面看，这不过表明我们所担心的事

---

1 Charles Rycroft, *Anxiety and Neurosis* (Harmondsworth: Penguin, 1968), p. 16.

情确实重要，同时也表明忧虑可以帮助我们——即便很痛苦——理性地预见生活中的挑战，以便加以应对。忧虑可以帮助我们防患于未然，时刻做好准备。毫无疑问，如果我们感受不到痛苦，就不会认真对待未来的问题，那么反而将自己置于险境。在现实事务中，显然是这样。如果我担心明早赶不上一班重要的火车，那么我就要提前到火车站，带着印有预留座位号的预购车票（可能还有我的手机）。这样一来我便更有可能全程安坐车上，轻松并准时地到达目的地。这就是通过保持警觉来防止问题发生的方式，而且警觉程度只需维持在最普通的水平。当然，如果提醒忧虑者说，我们所担心的事情确实重要，相反，对到来的事情欣然接受会让它变得更糟，这其实对我们没有太大帮助。有帮助的是，告诉我们忧虑并非无谓的不幸而自有其益处。忧虑能激发人的积极性，并以一种奇特的方式给人赋能。忧虑有其意义，哪怕忧虑让我们遭受痛苦，它也帮助我们保全自身——自助书的作者们对这种主张怎么看呢？治愈忧虑可能就像解掉安全带一样。

还有另一种更为大胆的观点，它讨论的不是忧虑，而是抑郁的进化优势。该观点认为这种精神困扰在更宏观的层面上来讲是"有用"的，这也许进一步佐证了各类精神痛苦自有其意义的说法。保罗·基德韦尔（Paul Keedwell）

在《悲伤如何存留至今：抑郁的进化基础》(*How Sadness Survived: The Evolutionary Basis of Depression*，2008) 一书中认为，抑郁不过是在提醒人们什么是人生中重要的事情（尤其是在他所理解的西方生活当中）。基德韦尔认为抑郁是一种良知，或人类价值观的监督者，可以遏止信念体系背离正道。当生活方式与人类基本的内在需求并不相符，抑郁就会起到检查的作用。在他看来，当原始需求未被满足，抑郁就会发生。这样的需求包括安全的住所、食物和饮品、幼年时期父母的照顾、成年之后在工作上的合作关系，以及在社会团体中的身份（赋予个体角色和地位）等等。但"需求"一词马上就会引起警惕，因为意识形态上的假定和压迫很容易被掺入一个人对于他人"需求"的泛泛主张。我们都理解这种父母式看问题的角度："埃德蒙的需求就是找到一份工作，然后和一个好女孩一起安定下来。"嗯，也许吧——但也许不是。关于我们的共同需求的表述，总有一种沉重的、潜在的压迫性。尽管如此，基德韦尔在关于人类生活中原始和恒久性欲望的框架之下，得出了一个发人深省的观察结果：抑郁是对我们偏离路线的提醒——我们沉浸于次要的事情，把握错了人生的重心。

马可是基德韦尔所举的案例之一。与许多治疗师一样，在基德韦尔构建的精神健康理论中，对病人或者说客户的生活叙述是至关重要的：诊断和治疗都源于治疗师解读他人生活的能力。相应地，这些遭遇需在书中重述，也因此一定会被"故事化"。生活故事必须揭示各种模式，且具有"可读性"，即必须有一系列的因果关系，并内含具有典范性的逻辑，而几乎不存在什么偶然或不连贯因素，没有任何未知、困惑、无解或随机性。这就是在对精神健康的理解中，叙事（即叙事自带的必然性）所具有的力量和影响，任何读过西格蒙德·弗洛伊德的侦探式心理学文本的人应该都清楚。

马可曾供职于时尚秀场和百货商店，设计各类秀场，过着旋风般的生活。他生活节奏很快，但深恐遭人拒绝，有严重的自尊问题，工作压力极大，对可卡因严重成瘾。渐渐地，马可变得抑郁，在抑郁中，他不得不评估自己当下的生活，考虑自己到底为了什么而活，"人生目标"又是什么。他必须思考自己所追求的与基德韦尔所认为的那些从祖先传下来的原始需求相去几何。于是他放弃了原来的生活方式，现在住在一艘游艇上。

马可十分赞同基德韦尔的结论，成了他的代言人。马可显然认为，抑郁是每个人都应该体验的，因为它让你明白自己是谁。透过抑郁，基本需求变得真实可见；而在这种遭受折磨的极端情况下，生命中最重要的东西才会如烟花表演般引人注目。[1]但我认为基德韦尔对于"基本需求"的看法是有问题的。不说别的,这些需求仅仅基于对原始人类生活状况的猜测(他认为"从心理上来说,我们依旧生活在洞穴之中"[2]),而他的主张自然并无证据。有人可能会认为他的"基本需求"清单并不是原始的,而是资产阶级的,或者说,至少是有利于其个人理论体系,在历史观点上受他自己的假设、阶级、性别、国籍和历史环境等因素影响而成的。圣埃瓦格里乌斯打一开始就不会认同这一清单。基德韦尔和其他喜欢把"个案史"放入写作中的作者(当然这也包括我)存在同样的问题。马可在多大程度上是真实的呢?这一"个案史"在多大程度上是被打磨得符合论点呢?我除了同情没有其他意思,因为在我书写时,"个案史"也被部分地遮蔽了,某种程度上我也无疑在将证据打磨得符合我的既定理论。这就又回到了"先信后理"(belief-then-reasoning)的问题了。

然而,"悲伤"因具有进化优势而得以在人类情绪中留存至今,这个宽泛的主张依然很吸引人。从普遍意义上

---

[1] 参见 Paul Keedwell, *How Sadness Survived: The Evolutionary Basis of Depression* (Oxford: Radcliffe, 2008), p. 31。

[2] Ibid, p. 4.

来说，抑郁是一种提示，甚至是一种教育，提醒我们哪里可能做错了。它表明我们的价值观出了些问题，误判了一些行为，一些我们以为正确的事实际上是错误的。这样一种理论，把我们带回了自助治疗师那里，他们传达着我们可以自我疗愈的讯息，引导我们推断出我们所遭受的痛苦在某种程度上都应归咎于自己，而我们也能凭一己之力改变这一状况。我有些担心这样的观点容易变得具意识形态性或政治性。我自问，不管从任何方面，将忧虑看作自己的过失、错误或由失策带来的结果仍然是有益的吗？将忧虑者的烦恼——一种远比抑郁轻微的痛苦——看作心理或情感上的失误所造成的结果，是有益的吗？

一般而言，忧虑是历史、神学和经济环境与个人特点、个人经历交汇的产物。是个人特质创造了忧虑，而内在的安全感和与外界打交道时的果断坚决必定是与焦躁对抗的有力武器。无疑，不安全感的一大常见副作用或者表现形式，是深深的自我批评和自我不满。早期的自助书及其后来衍生的书籍都做好了应对非难和谴责之辞的准备，但对忧虑者的责备没有人能比得上忧虑者自己。身为忧虑者的我们总能轻而易举地把"这是你的责任"内化并扭曲。自助书试图帮助我们变得强大，我们接受了这一主旨却将其转化为可憎的结论。我们认为不但自己的不快都怪自己，而且如果因我们犯错、缺乏警惕或者不够忧虑，又或没有将我们的忧虑付诸适当行动而造成了别人的不快，也都怪我们自己。我们早已深受谴责、惩罚的话语感染，恐惧挥之不去——事情一旦因我们的失当行为出差错，都是我们的责任。我们担心会把事情"搞砸"，因为一切都将是**我们的错**。

在独居时忘记锁好后门已经是一件够糟糕的事情了。但假如我——此时在公司上班，远离居所，不能回去检查——有室友，那么忧虑的来源还有室友可能会因为我的粗心大意而受影响：其生活可能会被入室盗窃搅乱，日常将受到影响，财产被盗走，安全感被破坏。我的忧虑不应被理解为利他主义或责任感，其核心只是自私。我所担心的可能不在于破坏他们的幸福，而在于给了他们指责我的理由。我的忧虑，这种警觉表现在多大程度上并非针对我应明智地避免的问题——重疾、家庭事故或私家车被盗，而只代表了过分敏感的自我，怕被批评，怕要道歉？

通过以上的分析，我理解了为什么有人在某种程度上将忧虑理解为个人错误的产物，还明白了错误令忧虑者困扰于虚荣心受损。在这里，忧虑者错在自视过高，以为自己就**不该犯错**，因为优秀得不能犯错，也就不能承认过错并为此道歉。我们害怕道歉，这可能是因为我们告诉自己，既然我们已经自我批评至此，假如还要再向别人承认错误，就未免太伤自尊心了。我们内心严厉的自我谴责已经够多了！但事实上，我们害怕道歉，可能只是因为我们太自傲了，无法承认自己也会出错。我们太自负、防御心太强，以至于容不下自己犯错，无论是在自己还是别人眼中。这种"害怕"犯错的自傲可能源于我们以为自己"掌管"着他人的幸福，认为自己的行为会对他人幸福生活造成最重大的影响。"如果我们犯了错，他们的一天就毁了……"但这可能也是骄傲的另一副面具，是虚荣心的另一块面纱。我必须尽可能频繁地自我省察，当自己为别人担心，这种担心是否源于这样一种潜在的观念：我是一个重要的人，是可以制造或破坏别人幸福的人。

那么，或许忧虑者应当放宽心，变得更加——谦卑。这并不是一个常用的词，它几乎被完全从日常话语中抹去，尤其因为在查尔斯·狄更斯（Charles Dickens）的《大卫·科波菲尔》（*David Copperfield*，1849—1850）中，乌利亚·希普已经说服了我们，"谦卑"总是伪善的表现，它不过是在为自私自利打掩护。谦卑很容易让人觉得是一种掩饰，压迫者只是借此获得他人的顺从和无条件接受。但谦卑对我来说是有用的。如果说忧虑有一小部分是如前所述的犯错误的产物，那么解决方案（至少是缓解部分痛苦的方法）即是对自己做出合理的预期。要对自己宽容一些，接受自己失败的事实，也要做好向他人道歉和接受批评的准备。

防御心看似根植于脆弱而不自信的自我之中，但它更可能根植于某种类似于自负的情感之中。通常人们不会把麦克白夫人当作咨询师的模范。然而，尽管她是一个残忍恶毒的女人，但她的某个方面，有一瞬间可能会引起忧虑者的兴趣。很奇怪，打一开始，麦克白夫人就比丈夫更易于接受让他当上苏格兰国王这个可怕计划失败的可能性。如果说莎士比亚笔下哪个角色更像忧虑者，那就是第一幕中的麦克白（当然还有哈姆雷特）。在此剧的开头，麦克白密谋刺杀苏格兰国王邓肯的时候，接受了妻子对他猛烈的批评。但他最终还是发问："假如我们失败了——"令人惊讶的是，麦克白夫人爽快地答道："那我们就失败了！"（第一幕第七场）。他们的目的显然是卑鄙的，但这不是我要说的，我也不想讨论麦克白夫人后来的长篇大论，她不断说服丈夫，只要鼓起勇气、咬紧牙关，失败就不会到来。最有趣的是她怎么能在最短的时间内接受失败的可能性。麦克白夫人似乎从野心勃勃的内心的某个地方找到了答案，能够回应恐惧，回应忧虑，回应那句"**万一……？**"

我们忧虑者不应该认为自己优秀得不会失败，不应该自傲得不理会异议，或者自大得无法承担事情出错的责任，又或者自大到事情一出差错，就觉得**肯定**是自己的错。忧虑可能起着晴雨表的作用，它能给出提示。如果我们能够正确解读，或许就能调整对自身重要性的预期，并减轻自尊心受损和过于虚浮的骄傲所带来的负面影响。

令人惊讶的是，思考忧虑这件事居然迅速将我变成了一名传道者。当然，在某种程度上我又回到了那件麻烦而费解的事情上了，也就是通过赞成不同的信念、感受，来调整自我信念和对于"我是谁"的内在感受。这样看来，我又在无意中跌跌撞撞地绕回了关于忧虑的老问题。我并不喜欢自助书中那种关于通过改变自我信念来消解忧虑的假设，也不喜欢预设自我信念应当如何的做法。但同时我也发现，仔细思考忧虑的过程**能够**暴露出自己内心关于"我是谁"和"他人如何看待我"这种问题的潜在信念和想法。而正因为可以清楚地看到这些信念，我才得以切实地挑战并尝试改变它们。对我而言，我因此认识到它们是可以对我造成伤害的负面因素，给我带来了不必要的、看起来本可以避免的痛苦。解开这种纠结和矛盾的密钥，就是**自我**发现所具有的力量。自己指出问题与由自助书、分析师或朋友代劳是不同的，事情就取决于此。解决问题的秘诀似乎在于自我思考。而吊诡之处在于，最初也正是独立思考把忧虑带到人世的。忧虑可以揭示有关内心信念的重要知识，但要让这些知识起作用，我想你得靠自己去掌握它。

在思考中，忧虑产生了。但思考也是所有理智、理性生活的依托。关于忧虑能带来的好处，不同于前文所说的宏大的人类"基本"需求，还有其他更为实用的东西。接下来要说的是与我们平凡日常生活紧密相关的，即因忧虑而产生的询问和持续探究的价值。仔细检查，考虑周详，多角度看待问题并反复思考，这些都是忧虑者的天然倾向。这样的提问是我们忧虑者的积习。你不大能抓住忧虑者的破绽（即便被抓住破绽，并看到一种我们没想到过的对某一风险的思考方式，这样的事只会使得我们忧虑者更加努力去做预期）。忧虑者会一一列举，所列举的问题往往比评估的还要多，而且更注重收集事情所暗含的影响而不是判断事情发生的可能性。我们快速想遍各种选项，接纳和倾听那些我们还没注意过的观点，始终警惕于潜藏的危险和尚未加以想象的事。我们是困难和困境的分析师，有时极为擅长分析（哪怕我们没从这种天赋中获得乐趣），却也常常不能判断出哪些是最可能的结果。让忧虑者做决定或坚持一个特定的方向十分困难，但如果你想评估各种决策可能会带来的后果，那么你还是应该问问我。

我们不是天生的政治家，因为我们难以做决定。出于本能地，我们不愿意在考虑得面面俱到之前做出行动。因此，我们有时会陷入这种意愿的反面，做出无情、粗心的决策，只是为了证明我们能够做一个决策出来——我们经常为此感到后悔。但在正常情形下，向别人描述各种可能性的时候，我们又做得很好，或者说**可以**做得很好。忧虑者总会事先做好准备，尽管是紧张不安地做。在某种程度上，我们有点像迈克洛夫特·福尔摩斯，有着比他弟弟夏洛克·福尔摩斯更强的分析能力。在亚瑟·柯南·道尔（Arthur Conan Doyle）的侦探小说中，夏洛克是一个果断的人，一个有行动力的人：一个当真趴在地上透过放大镜寻找线索的人，一个在空荡荡的房子里给罪犯设陷阱的人，一个把对手追到瀑布边缘的人。而迈克洛夫特每天都只会将自己局限在往返于俱乐部的日常，经常坐在椅子里一动不动，但他确实在思考。

忧虑者通常集好律师与坏律师的特征于一身，当然，他在任何意义上都是更好的顾问而非实干家。他总能找到新角度，看到其他人往往注意不到的漏洞，并找到问题的切入点和解决办法。忧虑者尤其擅长觉察语词的歧义，所以在现代工作场所中，我们善于为别人提供建议，比如关于如何小心保护和严密捍卫某些立场，或是关于完善涵盖了多种可能性的合同，又或关于填补文件的漏洞，以避免造成金钱、时间或声誉的损失。这种忧虑者式的顾问不应被要求做决定,我们一定要把决定权交给别人,但我们擅长阐明赖以做决定的各项条件。

显然,莎士比亚《威尼斯商人》(*The Merchant of Venice*)中的鲍西娅一直在苦苦思索放债者夏洛克给商人安东尼奥(剧名中的那一位)的借贷契约中存在的法律漏洞。她提示了我,如果忧虑者和律师合二为一将会发生什么事(这是我的一个天真猜想)。按照夏洛克的契约,安东尼奥若不能按时还款,则须割自己身上的一磅肉还债。后来安东尼奥**确实**违约了,夏洛克决心按法律条文办事,即便鲍西娅(伪装成律师巴尔萨扎)在法庭中恳请他慈悲为怀,他也不为所动。因此,鲍西娅只能采取诡辩的做法。她必须找出其他隐含的可能性和其他说得通的旁门左道,于是冒着安东尼奥可能赴死的风险,怂恿夏洛克对契约中到底有哪项要求、没有哪项要求吹毛求疵。然后她采取了行动。"且慢。"在夏洛克即将切下安东尼奥身上的肉时,鲍西娅缓缓说道,而她之后的发言改变了整个剧情的走向:

> 还有别的话哩。这约上并没有允许你取他的一滴血,只是写明着"一磅肉"。所以你可以照约拿一磅肉去,可是在割肉的时候,要是流下一滴基督徒的血,

你的土地财产，按照威尼斯的法律，就要全部充公。

(《威尼斯商人》第四幕第一场）

夏洛克不能反驳说契约的细节并不重要，因为他之前早已明确其重要性。相反地，鲍西娅通过指出之前双方都没有想到过的事情赢了官司。"还有别的话哩。"她说。确实如此，这救了安东尼奥的命。

对安东尼奥而言，这种换个角度看待问题的能力造就了一位好律师，但鲍西娅的诡辩技巧令人不安，尽管事实上她救了一个人的性命。因为她的诡辩显然越过了订立合约时双方本来的明显意图，超过了白纸黑字本身。她机巧地运用反向逻辑来扰乱明确的判断，这种思考方式背离了契约最初的意义。鲍西娅使文件变得不稳定起来，威胁到我们借以相互沟通的惯例（她威胁到了使法律之运作得以可能的契约）。能从原本已规定得足够清晰简明的事情中看到另一种可能性，这种能力可以让忧虑者意识到一些事情。就法律而言，若陈述也如这般容易被"误读"，另一个和鲍西娅一样出色的律师大概也能提出**另一种**不同的解释，让债务得以偿还。这样的思维方式最终可能导致混乱，而无法解决任何问题。在莎剧中，这种结果会使戏无法收场，到最后也"还有别的话哩"。忧虑者思维方式上的优柔寡断，可被理解为在做出决策、巧妙思考和进行心理活动时幽灵般浮现的存在。由此可见，忧虑具有双重性，既具有优势也暗藏危险。这提醒我们不要忘记忧虑者这种细心检查的思维习惯的好处，也不要忘记，在《威尼斯商人》文本背后未被书写的场景之中，这种思维习惯也可能导致混乱的结果。

我再多谈一点这些（已得到认可的）优势。忧虑者都善于深谋远虑，他们会天衣无缝地掩护自己，这是焦虑尤其能推动他们去做的。那些并不忧虑的人有时需要费一番努力才能理解一些事情的含义，而这对于忧虑者来说，却如同树上长出叶子一般自然。在人际关系中，考虑多种可能性的能力并非毫无用处。它对于缔造和平，对于团体合作的、需敏感关注他人需求的工作，对于置身于需要协同运作的多样化群体，都是不可或缺的。尽管我们可能是自负的，但同时也热衷于取悦别人。对于那些希望通过协商而非命令、通过讨论而非独裁、通过委员会商讨而非主席单方面决断来解决问题的人来说，充分了解他人观点实在非常必要。只有具备了这种品质，才能注意到人与人之间的差异，并尝试把这些差异都考虑在内。

当然我也清楚，这样的思考和行为方式并不总能带来共识、一致或和平的结果。我知道，如前所说，约翰·穆勒自由主义幻梦的失败会如幽灵般侵袭忧虑者，我们害怕在实践中没能考虑得面面俱到，害怕相信所有观点可达成一致却没能加以妥善处理和回应。但我还是允许自己乐观地谈一谈，然后谨慎地找一些忧虑的值得称道之处。我知道问题所在，但也不想完全忘记忧虑者特有的优点，尽管证据对此并不有利，我们仍能建立一些希望。

忧虑者乐于独处，不需要被取悦。古典智慧认为让人独自坐在一个房间里是最困难的事之一。T. S. 艾略特《圣灰星期三》（"Ash Wednesday"）中的"我"希望有人教他如何"静坐"[1]。然而，忧虑者的脑中总是充满了对话、分析和反思，所以静坐或独自逗留对他来说并不会有太大的空虚感。我们当然不需要找人来教如何做到这件事，反正我们忧虑者通常就活在自己的世界中。是否有他人相伴并不十分重要，脑中的万千思绪就够我们忙的了。

忧虑者往往从事着需要思考或者至少在理论上能提供充足时间思考的职业。我们充分利用自己的想法，我们是平凡生活的哲学家，是此时此地的、安静而毫不起眼的雅典学派继承人。我们或许是穿着现代服饰的旧时僧侣，新

---

[1] Eliot, *Collected Poems*, p. 96.

近在街上和办公室里出现的、已经变得平凡亲切的神学家和学者。即使很难声称内在的思考充满了智识，但我们仍过着这种心灵生活。而且因为尤其擅长思考文字及其背后隐藏的含义，忧虑者也可能非常善于充分利用读到的东西，如历史、政治、小说和诗歌。显然，忧虑者特别适合阅读文学作品，它们在严格意义上被定义为"具有想象力的文字艺术作品"，如戏剧、诗歌和小说。在我以前任职的大学里，英语文学系的学生比其他任何系的学生都更多地寻求学校心理咨询服务的帮助，我相信这不是例外。

忧虑者善于分析心理状态、反应，哪怕感受上的细微差异也能察觉，难怪我们需要心理咨询。而文学批评的某些形式，甚至可以说是一种对忧虑的**实践**。我们因意义而忧虑，习惯性地相信事物本身远比表面看起来意味更深，因此必须探寻文本的弦外之音。年轻的本科生威廉·燕卜荪（William Empson，1906—1984）在《朦胧的七种类型》(*Seven Types of Ambiguity*，1930) 一书中，对文学作品中词语的多重含义提出了多少带有数学色彩的论述，可谓创作了一本忧虑者式阅读的教科书。燕卜荪考察了词语创造意义的功能，即肯定、延伸、与其他意义对抗或截然矛盾等。他感兴趣的是对每个词语或句子的多种解释，一个词或句子能同时包含多少种不同的甚至根本矛盾的（即朦胧的第七种类型）意义。燕卜荪有点像解读法律的鲍西娅的放大版，在英美学界的英语文学研究中颇有影响。特别是他提出的许多如何阅读诗歌的设想，都传留至今。而那些为诸事忧虑、时刻准备找出词语背后含义的忧虑者，可能比许多人都更能明白燕卜荪到底在说些什么。

忧虑者深谙痛苦是生活内容的一部分，而他们看待事物的方式最大的用处或许就在于它是对平庸乐观的一种反击——这种乐观已经悄然渗入如今我们应当如何生活的假想中。忧虑者更能把握生活的现实，它本质上就混杂了快乐与痛苦。比起那些被人们认可、建议的快乐来说，这更能让我们知道自己目前应当如何生活。埃里克·G. 威尔逊（Eric G. Wilson）的《对抗快乐：忧郁的赞歌》（*Against Happiness: In Praise of Melancholy*, 2008）以诙谐的笔调斥责了当代美国对肤浅的商业文化的满足。相比之下，他觉得欧洲更为晦暗，更为忧郁。但肤浅的快乐对欧洲来说也远非陌生事物。我们对此再熟悉不过了：广告承诺给我们的幸福，售货员一口一个的"祝您度过美好的一天"，希望信徒多多益善的、让我们对自己的享乐能力深信不疑的、以欢乐形象示人的神。威尔逊大可由此发现欧洲肤浅的新深度。不过他的观点是，在艺术上和思想史上，人类的重要成就其实都源于悲伤。最好的艺术，源于认识到生命中那些烦恼和无法解决的困境。Sunt lacrimae rerum:"万物都堪落泪。"[1](《埃涅阿斯纪》,第一卷,第462行)威尔逊认为,现代西方社会所追求的肤浅快乐是对事物真实面目的一种背叛,这样的快乐实为一种压迫,预期我们全都应该平和幸福,让我们受不了。而且,苍白的、浅薄的幸福无法承托起持久的文化或艺术成就。

幸福还能造成更多的伤害。轻率地认为一切问题都会解决的心态或许正是问题无法解决的原因。幸福使人分心,会如烟幕一般掩盖深刻的失败,使我们无法看清政治、经济以及全球安全等问题的本质。单纯地相信未来有时候只是一种懒惰,人们借此逃避须解决的问题。罗杰·斯克鲁顿(Roger Scruton)的《悲观主义的用途和虚假希望的危险》(*The Uses of Pessimism and The Danger of False Hope*,2010)一书,有力地论证了无知的、不加批判的希望对西方文化造成的损害。斯克鲁顿赞成对乐观主义加以限制,他认为人类需要用怀疑和焦虑来约束在描绘未来蓝图时的愚蠢行为。相形之下,芭芭拉·艾伦瑞克(Barbara Ehrenreich)在更深层次的政治细节中考量同一种令威尔逊感到沮丧的

---

[1] Virgil, *The Aeneid*, p. 20.(此处译文采用杨周翰译本[人民文学出版社,2002年。]——编者注。)

乐观情绪时，则更为悲观。她的作品《失控的正向思考》（*Smile or Die: How Positive Thinking Fooled America & the World*，2009）对抱怨者来说是一剂良药，对常发牢骚和愤世嫉俗的人来说也是一种支持。她的书甚至让我们这些遮遮掩掩、几乎隐身的忧虑者也觉得自己很重要。艾伦瑞克在书中倡导一种人们所急需的"负向思考"，以防止错误的"正向思考"在外交政策、医疗卫生、环境政策、经济以及其他领域造成灾难。更多的不悦、更多的不快、更多的不满、更多的**忧虑**——这些都有其政治作用。而且，虽然看似矛盾，它们将有助于使不安全的未来变得更加安全。

忧虑者很难成为世界未来的最佳预言家，但事实证明，我们也许还是被需要的。我们对于乐观的踌躇心理，是那种对欢笑的有害追求所缺失的。我们对简单化的幸福话题抱有怀疑的态度，天生不愿被信息不足的、刻意肯定的正向思考所愚弄（至少不愿被长久愚弄），而这些可能都是我们所有人应当追求的状态。政治家可以学习这种心态。我们不会对悦耳的预言心安理得，我们不擅长乐观，本性远不同于那些告诉我们要停止皱眉、单纯地"度过美好的一天"的人，而是终日被"万一……？"这种令人胆战的不确定性困扰着。担心未来的我们，可能对前景的展望也更为现实，期望问题被人们认识到而非隐藏起来，承认问题而不是将其藏在迪士尼式傻笑的背后。

精神的痛苦可能是件好事——这个想法看似荒谬,却令人鼓舞。而即便如此,也并不能阻止我想要摆脱忧虑。我可能是有用的,但还是难免对幸福有所渴望,我可以用否定的形式来定义它:一种无忧的满足感。忧虑是无法治愈也不可动摇的,几乎不可能被移除,就好像永久染料一般在脑中泛开。忧虑萦绕在日常生活的表面之下,使我在谈话时分心。它如淤泥般涌入寂静之中,难以清理干净。通常,无论我们多努力地寻找忧虑的好处,能指望获得的最好结果也往往并非永久的,而只是短暂的平静:能做到的只是暂时地遗忘忧虑,而非消除它的存在;只是暂缓一下,去思考其他事情。忧虑尤其容易伴随着暂时性的欲求,因为也只有这种暂时性的欲求是可能实现的。忧虑渴求的宁静通常都是转瞬即逝的。由于没有持久地解决问题的办法,忧虑者只能享受一个个片刻。我们不可避免地受到短暂事物的吸引,只因我们不必对其进行长时间的分析。

我们在永恒地向短暂求爱。很少有人能比奥登更好地描述这点,这位诗人深入思考了这种新命名的现代疾病的本质。他的《夏夜》("A Summer Night")回忆了自己在一所小型独立学校当老师的时光。有些夏天的夜晚太热,住校的老师们把床垫搬到了学校的草坪上过夜。奥登回忆，那是一段非常愉快的时光，多年后亦不会忘却。在那些夜晚：

> 若恐惧对时间已不再关注；
> 郁卒往事如狮子从暗头里跑来，
> 它们的口鼻磨蹭着我们的膝盖，
> 而死神放下了他的书。[1]

这首诗是对无忧时刻的美妙构想，在这一刻，没有恐惧，没有悲伤，甚至连最大的烦恼——对死亡的恐惧——也暂时消隐，被人们遗忘。当然读者清楚，这不是一个持久的状态。死亡并没有消失，狮子也不会安静太久，但就当下而言，之前困扰人的东西在此刻摇身一变成了伙伴，而悲伤也一时温柔了起来。

对于忧虑者而言，在人生经历中，有没有不存在任何忧虑的时期？在哪里最可能体验到无忧无虑的生活呢？塞缪尔·约翰逊（Samuel Johnson，1709—1784）是18世纪的词典编纂者，我想他若生活在20世纪，肯定是一个忧虑

1　Auden, *Collected Poems*, p. 117.

者。据不懈地为他作传的苏格兰传记作家詹姆斯·鲍斯韦尔（James Boswell，1740—1795）所言，一定是他的工作帮他远离了魔鬼。鲍斯韦尔说，在1747年年底，约翰逊"如今可说是'奋力划桨'，从事一项稳定而又持续的工作，足可在数年间占据他的所有时间"。他又说，这是"对忧郁的最好防范，那种忧郁曾经一直潜伏在他身边，随时准备使他不得安宁"。[1]工作可以消解"忧郁"，有时候也可以消解忧虑。但借以分心的工作不是唯一解药，因为忧虑难以入住的、最可靠的地方是记忆。我们可以回忆起过去曾忧虑过，但要复原或重温那时的忧虑却不容易。我们可以牢记那段经历，但不能将它准确复原。

忧虑的主要问题是关于未来的担忧——"万一……？"幸运的是，这用来对过去提问不大实际。在这里，未来是已知的，"万一……？"的结果是确定的，选择所带来的后果已然产生，牵涉其中的人已经知晓结果的好坏。我们忧虑者可能不喜欢这个结果，也可能对此已经习惯了，但我们无须再为决定本身而忧虑，因为它已成为既定的事实。在过去之中，对未来的忧虑难有一席之地。过去的忧虑是

---

[1] Boswell, *Life of Johnson*, ed. G. B. Hill, 6 vols (New York: Bigelow, Brown, n.d.), i. 209.

可以被研究的——我们可以为自己或他人做的错误决定感到后悔，甚至可以消除某些后果。我慢慢地了解到，许多人类的问题和制度性问题本是历史遗留问题：过去没有被解决或甚至没有得到承认的问题。但我们不会因已发生事件的既定结果而**忧虑**。如果这"一"已经定了，我们就不会再担心"万一……？"。19世纪的英国首相罗伯特·皮尔（Robert Peel, 1788—1850）可能会为是否废除《谷物法》烦恼，而即使今天我们某种程度上仍活在那项反对保护主义的强硬措施带来的影响中，我们也无须替他忧虑了。尽管泰坦尼克号被大肆宣传，它的爱尔兰建造者可能还是会为船只设计的安全性而烦恼，担心船舵是否够大，安全门是否够用，救生船的数量是否够多。即便知道他们曾忧虑过，现在的我们也无法为此重新**忧虑**了。

个人的情况更是如此。通常，忧虑者更善于在尘埃落定之后再安心地享受。在我们看来，幸福属于过去，再安稳不过，因为那里**是**安全的。忧虑者对已获得的快乐感到愉悦，而对快乐的期待却是麻烦事。我们在假期结束后会获得更多乐趣，因为可以在回忆中安全地享受它，无须再担心：旅行中有意外支出；火车不能准点到达；酒店嘈杂、炎热或价格过高；租来的汽车被偷或损坏；食物太贵或太差；被蚊虫叮咬；外出时家里是否安全；假期不如去年的快乐；假期很快会结束，我们又得回去工作了……这些烦恼带来的痛苦基本都会在记忆中被抹去，或者至少这些令人忧虑的情况终于不再困扰我们了，因为我们知道一切都很好，我们度过了一段快乐的时光，房子也没事。现在一切都结束了，我终于可以坐下来好好享受假期了。

忧虑者是不是倾向于去同一个地方参观，去同一家餐馆吃饭，踏上同样的旅程？我们是不是天生更喜欢做之前已经做过的事情，因为这样就会少一些忧虑？忧虑者的旅行是不是素来含有**纪念性质**？也就是说，我们忧虑者的旅行是否都由过往记忆所限定，在其中，我们向自己企图维持原状的过去默默致敬，因为比起未知的新事物来说，它更为确定？我想，反复做同一件事情是忧虑者特有的标志：这是一项忧虑管理技能，帮助我们更好地规避各类风险。这种怀旧的执念，这种无忧过往的牵引力，让我对摄影产生了浓厚的兴趣。个人摄影有其特别的吸引力。当然，摄影与纪念、怀旧甚至哀悼都有着密切的联系，照片是一种很好的媒介，让我们相信自己"拥有"过去，或者我们曾**属于**影像中这个业已逝去的时空。苏珊·桑塔格（Susan Sontag）曾贴切地写道："由于摄影给人以一种把握住了非真实的往昔的幻觉，它们也就帮助人们把握住了不牢靠的空间。"¹ 在那些我们可能于旅途中造访的，对我们来说陌生的地点拍摄的照片，向我们提供了一种想象方式，让我们在那些新奇的，可能具有潜在威胁和令人忧虑之处的地方显得好像"在家里"一样。摄影以其特有的协调或镇静的功能，让我们在回忆往昔的时候，相信自己在某地很安全，虽然当时并非如此。

翻看过去的照片可能会给忧虑者带来一系列痛苦的想法："噢，我那时多年轻！"但同时这些照片也温柔而令人镇定，因为我们翻看的时候无须揣想接下来会发生什么。苏珊·桑塔格认为摄影是"死亡的提醒者"（memento mori），她有句名言说："拍照片便是参与进另一个人（或事物）的死亡，易逝，以及无常当中去。"² 对忧虑者来说，摄影中还有比这更增添生活滋味的东西。照片虽然可能涉及悲伤，但它也是能缓解我们焦虑的一方小天地，它提供了一个时段里的一瞬，即便我们在拍下照片后为时间**流逝**而忧虑，但那个时段的忧虑不会重临了。照片也很有吸引力，它让忧虑者得以通过视觉图像去想象其中的意义，想象当

---

1 Susan Sontag, *On Photography* (London: Penguin, 1979), p. 9.（本书相关译文引自艾红华、毛建雄译本[湖南美术出版社，1999年]。——编者注）
2 Ibid, p. 15.

时他人的想法和感受。一张人们笑着围坐在餐桌旁或沐浴着阳光聚在风景前的照片，都足以让我通过图像进行幻想从而得到一份满足感。我想象中的那种快乐可能并不存在，或许在那些笑脸背后，还隐藏着其他更多欢欣之外的心事。然而，通过希望一切都好，通过希望有某种迹象表明除忧虑外**还有**别的生活方式，忧虑者便可以暂时掩饰自己。

我认为比起其他形式，忧虑者更容易从视觉图像上想象快乐。阅读过去的文字——旧书信、旧电邮、日记或明信片——会让真实的旧日烦恼再次侵袭。阅读这个行为牵涉到太多想法，因为它涉及文字。图片更有可能给人带来安心感，因为它们更适于想象，更容易装扮。

人也可以成为幻想的对象。或许忧虑者还有尾随者、偷窥者、徘徊者的一面。如果说我们可以独自枯坐，忧虑着，沉浸于内心上演的戏码，那么，我们也可以和别人相熟，成为那些看起来更擅长处理事务的人的随从。我们是热忱但常常不明智的崇拜者。忧虑者可能会花时间观赏美术作品或者聆听音乐，试图摆脱脑中的噪音，不过此外也还有很多事可做。如果说照片或其他表现形式所展现的那种看上去无忧无虑或超然物外的生活能给人一种平静的安慰，或者至少能让人产生这种幻想的话，那么人们过的不为外人了解的真实生活，则提供了更多充满生机的可能性。仅凭对真人的想象，就可给人带来生活上的安心感，而忧虑者是伟大的秘密幻想家。他们非常珍视看上去和自己不一样的人。如果说让忧虑者改变对自己的信念很难，那么编造一些关于他人的事情然后去相信，对他们来说就容易得多。

忧虑者可能会在那些自在的，或看似自在的人那里获得愉悦，也乐于关注那些自信的，或看似自信的人。对几乎不认识的人的盲目崇拜和情感依恋，始终诱使忧虑者抱有找到另一种生活方式的希望。即使不是选择另一种完全相反的模式，我们至少也能试着去享受别人生活中"非我"的部分。这可以暂时缓解或分散我们作为忧虑者的烦恼。忧虑者从那些他们不怎么了解的，甚至不会再见面或者根本不认识的人身上获取能量，如吸血鬼吸食他人血液一般。朋友不能充当这样的对象，父母和伴侣也不行，因为我们了解他们。我们需要的，是一张能供我们随意书写的巨幅白纸。我们需要的只是从几乎不了解的对象那边获取些许暗示——自信或满足感，力量或决心，这就足够了。我们只需要获取他们最少量的信息，对他们的认知仅仅是浮光掠影就好。我们需要精彩的、积极的可能性——它们几乎不可能真实存在。

海滩、商场、运动场、唱诗班、酒吧、博物馆、酒店和花园,这些都是忧虑者可以从别人而非自己身上获取快乐的好去处,而且既够体面也够熟悉。社交网络为人们提供了戏剧性地展示私人生活的虚拟平台,对忧虑者来说,这也是另一个从他人可能出于虚构的故事中汲取力量的好去处。这些只能通过网络才能接触到的遥远形象,成为缓解忧虑者处境的良药。重要的是偶遇、可能性和暗示。爱尔兰学者卢克·吉本斯(Luke Gibbons)认为社交网站减少了人与人之间的亲密感。[1]但亲密并不是我们想要的全部。网站制造的这种人与人之间的距离让人感到自由,让我们得以远距离欣赏一个我们几乎不了解的人,想象别人的内在生活,设想他们拥有忧虑者所缺乏的力量,这对忧虑者来说是一件奢侈的事情。将目光从自己转向他人,对忧虑者大有裨益。忧虑者可能会嫉妒不再忧虑的死者,但也可以通过幻想生者的安全和幸福而获得短暂而隐秘的满足。

忧虑很难在记忆中存留,更不可能存在于我们根本不记得或完全不属于自己的事物里。我想知道,有多少参观古迹、博物馆、中世纪教堂、祖屋和考古发掘地的游客,

---

[1] 文章刊载于《爱尔兰观察报》(*Irish Examiner*),2010年7月24日,可在 http://www.examiner.ie/ireland/internet-damages-intimate-relationships-says-academic-126097.html(最后访问时间:2010年8月11日)看到。

会暗自意识到他们可以想象有些地方当时很少乃至没有忧虑，无论这份想象有多模糊。即便那些时空里曾有忧虑，那也不是我们的，因此，遥想那样的时空，可以让我们找到些许安慰。这些地方的一部分魅力就在于它们离我们的想法和经历太远了。作为游客，我们可能在不知不觉中从一个其忧虑离我们很远的过往时间点得到了享受。对于历史里的人，"万一……？"式的问句再也没有意义。如果我不能停止忧虑，那至少还可以从参观那些不再受到忧虑困扰的地方获得些许温暖。是不是有些忧虑者也时常流连于墓地、战场、沉船，甚至古老的绞架遗址（我们的房子确实就建造在这样的遗址之上）？我们会不会是可怕的游客，非常古怪，探寻的不是死者的生平，而是死者的死亡？忧虑者可能会一直因死亡而忧虑，克莱夫·利尔沃尔（Clive Lilwall）在《如何停止 67 种糟糕的忧虑》（*How to Stop Your 67 Worse Worries*，2004）一书中，将其称为"终身的忧虑"[1]。但至少在墓园里，我们置身于不再为此忧虑的逝者当中。

当然，过去也**可能**造成忧虑。参观遗址是一回事，但

---

[1] 参见 Clive Lilwall, *How to Stop Your 67 Worse Worries* (Bloomington: Authorhouse, 2004), pp. 1–27。

想到我们自己的过去本可以何等不同，那又是另一回事了。尽管我在上文说过很难为过去忧虑，但在一些特定的时候，一些实在执着的忧虑者会将"万一……？"这个问题放回过往之中，并为事情本可以有所不同而焦躁。美国诗人罗伯特·弗罗斯特（Robert Frost，1874—1963）将"**要是……？**"（If only...?）这种烦恼称为"未走之路"（The Road not Taken）。思索业已完结的过去，发现事情都"做下决定—完成—结束"了，忧虑便在记忆中失去了容身之所。它于是气急败坏地重回思绪，令人想象：要是做了别的选择，生活该是何等不同啊。忧虑者尤其容易受到诱惑，幻想**要是**自己或者他人替自己做了不同的决定，就会过上更好的生活："要是我去了另一所学校就好了；要是我们没有搬家就好了；要是我的西班牙语老师更会激励学生就好了……"这样的回顾有着不同程度的吸引力，因为它允许忧虑者幻想另一种生活方式，而且无须付出更多行动。在其中，有一种相当虚无的安慰，让我意识到生活已呈现如此局面，这是自己无力负责也无法改变的。在一切木已成舟时，对事情本可有所不同的揣想会带来一种奇怪的平静。

摄影让我们能够创造那些看似无忧无虑的时刻。当然我们也可以做一些振奋人心、富有想象力的"投资"，比如与这些图片"讨价还价"，以期从中浮光掠影地瞥见一些静止的东西。在柯达胶卷带来的小小平静之外,还有对于忧虑者来说既安宁又愉悦的情况。忧虑可能存于大脑之中,但通过视觉进入大脑的许多事物对我们是有益处的。乔凡尼·贝利尼画出了平静接受一切的场景,从内到外散发出宁谧。我曾久久坐在威尼斯弗拉里教堂的圣器收藏室里,端详贝利尼的金色祭坛画。这是我最喜欢的画作之一,而贝利尼当初也正是在这里作画。祭坛画就摆在它被预想的位置,就连画中描绘的男男女女,也似乎都自信地知道神为他们规划好的一切。同样地,奇马布埃(Cimabue)、乔托(Giotto)和弗拉·安吉利科(Fra' Angelico)也是带着十足的确定性和安全感作画的画家——他们都是信仰时代的艺术家。

这些远离暴风雨、疼痛和苦难的对象或表现形式可以暂时地告诉忧虑者,艺术中存在着恩典:艺术也许就是隐秘的牧师。当然,艺术作品触及人内心窘迫困难的能力是难以言喻的,我们找不出词语来精准描述这一亲密的、高度主观的意义形式,但忧虑者特别能领会。我说的仍然只是一个个瞬间,那些短暂的领悟并不足以建构美学理论。但这种平和安详的感觉,"郁卒往事如狮子从暗头里跑来"的感觉,如此受欢迎,也如此真实。

在出生于罗马尼亚的雕塑家康斯坦丁·布朗库西

(Constantin Brâncuși)的现代主义雕塑作品中,《空中之鸟》(*Bird in Space*)就是对运动的绝对静止的抽象表现。该雕塑有多种版本,有几件陈列在他位于巴黎市中心的工作室中,威尼斯的佩姬·古根海姆美术馆也藏有一件。安德鲁·格雷厄姆-狄克逊(Andrew Graham-Dixon)将《空中之鸟》描述成"一条像武士刀刃一样简单而刺眼的、高耸的青铜曲线,在观看者绕着它走时,化为多种不同的优雅轨迹,每一条轨迹都像是空中的另一次飞行"[1]。优雅是对的,而且"优雅"本就是艺术品与生俱来的,这也是值得思考的,但我并不认同武士刀刃的比喻。这一曲线外形并不暴力,也不混杂人类的冲突、死亡或者仪式,这件精致而又充满生命力的作品,其本质是平衡。这件雕塑表现的是宁静状态中的运动,从每个角度都能看出高度平滑的精致曲线,处于静止中。不管怎样,《空中之鸟》让我瞥见了一个远离焦躁不安的世界。无忧无虑被抛光的青铜材质加以体现,那平滑流畅的形态似乎是一种保证,令观赏者都暂时忘却了烦恼。现代主义可能恰巧应和了现代文化对忧虑名称的发现和利用,而布朗库西对于现代主义形式的设想则提升

---

[1] http://www.andrewgrahamdixon.com/archive/readArticle/296(最后访问日期:2010年8月10日).

了我们的视界，使之在这一刻超乎时代的疾病之上。

带着想象去欣赏图片和物件，可以让观看者在某些时刻摆脱忧虑的压力，摆脱那种令人感到不平整、不通畅的状态。声音也可以达到同样的目的。当然，我们听到的声音也可以激发忧虑。忧虑可能已存于我们脑中，但声音有时候也能促使其出现。远处的汽车警报、高音的电鸣、汽油发动机的噼啪声、半夜楼下突如其来的噪音、飞机航行过程中引擎奇怪的隆隆声，所有这些都不利于放松。但并非所有声音都如此，比如鸟儿的鸣啭——清晨乌鸫在城市中央歌唱，看不到身影的云雀在犁过的田野上歌唱，这些美妙声音好像来自另一个国度。鸟兽身处的另一个世界时刻提醒着我们，事物可以有多不同。英国浪漫主义诗人珀西·比希·雪莱（Percy Bysshe Shelley，1792—1822）就深谙此道。当听到云雀的歌唱，他想象着在这些飞翔于空中的快乐生灵眼里，世界究竟是什么样的，云雀会看到或懂得什么超出我们感受力范围的东西呢？

> 什么样的物象或事件，
> 是你那欢歌的源泉？
> 田野、波涛或山峦？
> 空中、陆上的形态？

是对同类的爱，还是对痛苦的绝缘？[1]

雪莱希望诗歌可以引领人们看到一个更高、更美好的世界。而音乐，因为免受文字的束缚，能以另一种独特的方式让人达致一种想象中的平静，摆脱痛苦。对于忧虑者来说，合适的音乐能以其独特的和谐取代秩序、期望和控制，以调和忧虑者内心的焦躁。

不管我们做什么，音乐总能让我们分心，因为它充满想象力，总能把我们带到别处，或者让我们迷失在节奏、音调或形式之中。音乐能够把听者带回第一次听到这段旋律的时候，或让人想起其他快乐的时刻。但音乐并不负责把我们送回现实世界中。它不一定是某种形式的日记，其作用也不仅仅是让人"分心"。音乐的独特力量在于，它打开了只能依托音乐而存在的内在世界，那便是音乐通过理性和感性以及二者之外的东西独特地表现出来的难以言喻的复杂空间。复杂、精巧的音乐邀请我们在想象中进入一个忧虑难以逗留的所在。

对我来说，复调音乐是忧虑最好的解药。在其中，声

---

[1] *The Complete Poetical Works of Percy Bysshe Shelley* (Boston, MA: Houghton Mifflin, 1901), p. 382.（此处采用江枫译文。——编者注）

音凭借一种替代性的听觉架构以抵抗忧虑的本质和形式。复调音乐带给我们的方向感和确定性、和谐和秩序，哪怕持续时间不长，也正与"万一……？"式问句所产生的紧张烦扰截然相反。古代哲学家认为围绕太阳运行的行星会发出声音，而且天体的音乐是对宇宙整体的和谐、事物的内在意义与目的的一种可闻的确认。在那里，没有不协调的事物，没有痛苦、不和谐和烦扰，当然也没有忧虑。这种观点一直到19世纪都还存留，似乎这种幻想让人难以舍弃。约翰·W. 查德威克（John W. Chadwick）在1864年发表了那首传唱至今的赞歌："永恒的主宰者，运转不息/行星在轨道上歌唱"[1]。在其中，他重塑了古老的前基督教时代的观念——宇宙的本质就像音乐一样可以被表达和听到。很多人都认为宇宙是和谐的，他只是其中之一。

世界上最杰出的复调音乐作曲家，J. S. 巴赫，呈现了一个在路德宗信仰启发下的音乐世界。他的创作传达出一切皆有秩序和目的的感觉，既强健又永远优雅。巴赫坚信事情都会得到解决，他对行星的乐音有自己独特的见解。他的音乐当然不完全都是快乐的，也可以是悲伤、哀伤，

---

1 *The English Hymnal with Tunes* (Oxford: Oxford University Press, 1906), Hymn 384.

甚至带有悲剧色彩的。它带来比快乐更为深沉的安心，这种安心感穿透了小调、不谐和音和对痛苦的表达，让人进入一个安全的听觉世界。巴赫的创作从不失去其原初设计的根基。他从不会忘记要去往的地方，始终掌控着他听觉宇宙的中心。赋格是形式最为丰富的复调音乐，以下是巴赫为他最擅长的乐器之一——管风琴——而作的《a 小调前奏曲与赋格（作品 BWV 543）》（*Prelude and Fugue in A minor for Organ, BWV 543*）乐谱的节选：

巴赫的音乐以其创造力令人惊讶，从不排斥出人意料或创新。他的创作变幻莫测，但同时也带给人安定感：无论出现什么，在作品中都显得合宜。这些旋律线从作品伊始的赋格主题（主旋律）和对题中生发而来。它们以精妙复杂的方式结合在一起，平静炫丽。这种优雅的结合方式在此处最令人印象深刻。由管风琴踏板演奏的声部（最低声部），交织进在它之上的，由键盘演奏的两个声部中。当踏板以赋格主题进入时，并不对另外两个声部造成任何干扰：看似独立出来的新旋律线成为其中的一部分，追求独立的同时也作为整体的一部分。不久，两个半小节之后，赋格主旋律又再次由左手奏起，它整洁而富有表现力地与既有的乐音重叠，产生了更强的和声效果，使音乐具有一种向前推进的走向和符合自然的逻辑，给予听者一种确定性：这将是一段不虚此行的音乐旅程，并且前方还有可抵达之处。

若说巴赫就像钟表匠那般作曲，这完全是错误的印象。他的作品并不机械沉闷，更不僵化、了无新意，相反，它在秩序下处处充满灵活性和表现力，能同时听出自由和工巧。其中的雄辩特质带来了合理性和命运感：一种无论发生什么都无须惧怕未来的保证。

忧虑与理性相伴相生，它与所有的思考行为密切相关，比如对眼前各种选择的评估、对掌控自己命运的尝试，以及对自我的判断。理性使道德成为可能，使理智、正直、判断力成为可能。它有助于创造人类的意义，创造了法治、讨论和合作的可能性。但憔悴地与思考为伴的，是哀伤、不安全感、悲痛和忧惧。理性与痛苦结成令人苦恼的同盟，在此情况下，富有表现力的艺术，尤其是视觉艺术和音乐，能在其至高点上，对理性所带来的困扰做出一点回应。当然这种回应并非一直都有，即便有，作用也不持久，但有时确实会短暂地起作用。艺术不是非理性的，而是有理可循的，但它提供的见识足以把忧虑者的思绪暂时带往他心灵中的别处，带往没有理性和恐惧之处。这些艺术形式不仅仅能帮助忧虑者"逃离"世界，而且提供了一种替代方法、一种反驳的方式，其价值不仅仅在于提供了出口，而在于这出口通向的地方。

这样具有创造性的表现形式比其包含的思想和技巧都更为伟大。哪怕视觉艺术和音乐只提供了短暂的幻象，因它而得以发生的片刻的敞开也是真实不虚的。艺术不能为希望提供完全理性的根据，但它向人们许诺了另一种希望。艺术不能教你如何获得"福祉"，其存在的理由并非在于疗效，也不能教我们如何**选择**幸福。与自助书恰好相反，它是对人力资源部门的期望的最有力反驳，也是现代西方所推崇的平淡幸福感的最深层的替代物。艺术，尤其是视觉和听觉形式的艺术给我们的赠礼，是一种"幻象"（无论是看到或听到，总之能感知到），能在片刻间带给我们更美好、更坚强和更成熟的自我感觉,在一段时间内改变我们平凡生活的性质。它让我们平凡的存在显得不再那么平凡,而是更有价值,抵达了更高的层次,因为这些审美形式带领我们达到了一种和谐,而这种和谐正是我们遗失已久的。

出于诸多原因,艺术的恩赐对人们来说非常重要。而对于像我这样的忧虑者,它尤其意义非凡,因为它所呈现的结构与我那焦躁、混乱,正陷入忧虑的内心完全不同。

因此,我暂且,向它致以我心烦意乱的感谢。

致 谢

感谢从各方面对我写作本书予以帮助的下列人士，不过他们无须为我书中的错误和观点负责：黛娜·伯奇（Dinah Birch）、蕾切尔·鲍尔比（Rachel Bowlby）、马修·布利莫尔（Matthew Bullimore）、大卫·科特雷尔（David Cottrell）、大卫·费尔（David Fairer）、斯蒂芬·法尔（Stephen Farr）、斯泰茜·格利克（Stacey Glick）、亚历山大·哈里斯（Alexandra Harris）、蒂拉·马泽奥（Tilar Mazzeo）、凯蒂·马林（Katy Mullin）、斯图尔特·默里、大卫·派普（David Pipe）、斯蒂芬·普拉滕（Stephen Platten）、斯蒂芬妮·雷恩斯（Stephanie Rains）、卡罗琳·申顿（Caroline Shenton）、马克·弗农（Mark Vernon）、马库斯·沃尔什（Marcus Walsh）和简·赖特（Jane Wright）。书中所占篇幅不大的、有关伍尔夫和乔伊斯的讨论，源于参考文献中我关于"现代主义与忧虑"的论文。

参考文献

[Anonymous], *Conquering Fear and Worry, Live Successfully! Book Number 3* (London: Odhams, c. 1938).

—*Don't Worry*, by the author of A Country Parson (New York: Caldwell, 1900?).

Arnold, Matthew, *Essays in Criticism* (London: Macmillan, 1865).

Attridge, Derek, *The Singularity of Literature* (London: Routledge, 2004).

Auden, W. H., *Collected Poems*, ed. Edward Mendelson (London: Faber, 2007).

Bell, Currer [Charlotte Brontë], *Villette* (London: Smith, Elder, 1889).

Bentall, Richard P., *Madness Explained: Psychosis and Human Nature*, new edn (London: Penguin, 2004).

Berne, Eric, *Games People Play: The Psychology of Human Relationships* (New York: Castle, 1964).

Braddon, Mary Elizabeth, *Lady Audley's Secret* (London: Tinsley,

1862).

Brown, Haydn, *Worry, and How to Avoid It* (London: Bowden, 1900).

Buckland, Ralph Kent, *Worry* (Boston, MA: Sherman, French, 1914).

Caramagno, Thomas C., *The Flight of the Mind: Virginia Woolf's Art and Manic-Depressive Illness* (Berkeley, CA: University of California Press, 1992).

Chwin, Stefan, *Death in Danzig*, trans. Philip Boehm (London: Vintage, 2006).

Colas, Emily, *Just Checking: Scenes from the Life of An Obsessive-Compulsive* (New York: Pocket Books, 1998).

Combe, George, *Elements of Phrenology*, 3rd edn (Edinburgh: Anderson, 1828).

Cuda, Anthony, "T. S. Eliot's Etherized Patient," *Twentieth-Century Literature*, 50(2004), pp. 394-420.

Davis, Lennard J., *Obsession: A History* (Chicago, IL: University of Chicago Press, 2008).

Descartes, René, *A Discourse on Method*, trans. John Veitch (London: Dent, 1912).

Diagnostic and Statistical Manual of Mental Disorders, 5th edn (Washington, DC: American Psychiatric Association, 2013).

Ehrenreich, Barbara, *Smile or Die: How Positive Thinking Fooled*

America & the World (London: Granta, 2009).

Eliot, George, *Daniel Deronda*, 4 vols (Edinburgh: Blackwood, 1876).

Eliot, T. S., *Collected Poems 1909-1962* (London: Faber, 1974).

— *Selected Prose of T. S. Eliot*, ed. Frank Kermode (London: Faber, 1975).

Empson, William, *Seven Types of Ambiguity* (London: Chatto & Windus, 1930).

English Hymnal with Tunes, The (Oxford: Oxford University Press, 1906).

Firestein, Stuart, *Ignorance: How It Drives Science* (Oxford: Oxford University Press, 2012).

Foulds, *Adam, The Quickening Maze* (London: Jonathan Cape, 2009).

Franzen, Jonathan, *The Corrections* (London: Fourth Estate, 2002).

Gilbert, L. Wolfe, *I Should Worry* (New York: Harry Von Tilzer Music Publishing, 1911).

Gissing, George, *New Grub Street* (Harmondsworth: Penguin, 1985).

Glasser, William M. D., *Choice Theory: A New Psychology of Personal Freedom* (New York: HarperCollins, 1999).

Gold, Matthew K., "The Expert Hand and the Obedient Heart: Dr. Vittoz, T. S. Eliot, and the Therapeutic Possibilities of *The West Land*," *Journal of Modern Literature*, 23 (2000), pp. 519-533.

Greenfield, Kent, *The Myth of Choice: Personal Responsibility in a World of Limits* (New Haven, CT: Yale University Press, 2011).

Guardian, The

Hardy, Thomas, *Far from the Madding Crowd* (London: Smith Elder, 1874).

Homer, *The Iliad*, trans. Samuel Butler (Lodon: Longmans, 1898).

Hustvedt, Siri, *The Shaking Woman or a History of My Nerves* (New York: Henry Holt, 2009).

Irish Examiner, The

Iyengar, Sheena, *The Art of Choosing* (New York: Twelve, 2010).

Jerome, Jerome K., *Three Men in a Boat* (*To Say Nothing of the Dog*) (Bristol: Arrowsmith, 1889).

Joyce, James, *Ulysses: The Corrected Text*, Student edn, ed. Hans Walter Gabler with Wolfhard Steppe and Claus Melchior (Harmondsworth: Penguin, 1986).

Keedwell, Paul, *How Sadness Survived: The Evolutionary Basis of Depression* (Oxford: Radcliffe, 2008).

Kipling, Rudyard, *The Light That Failed* (London: Macmillan, 1891).

Kroll, Jennifer, "Mary Butts's 'Unrest Cure' for *The Waste Land*," *Twentieth-Century Literature*, 45 (1999), pp. 159-173.

Leader, Darian, *The New Black: Mourning, Melancholia and Depres-*

sion (2008, London: Penguin, 2009).

Leader, The

Leahy, Robert L., *The Worry Cure: Stop Worrying and Start Living* (London: Piaktus, 2005).

Lilwall, Clive, *How to Stop Your 67 Worse Worries* (Bloomington: Authorhouse, 2004).

Marden, Orison Sweet, *He Can who Thinks He Can, and Other Papers on Success in Life* (London: Rider, 1911).

—— *The Conquest of Worry* (London: Rider, 1924).

Mill, John Stuart, *The Collected Works of John Stuart Mill* ed. J. M. Robson, 33 vols (Toronto: University of Toronto Press, 1963-1991).

Murray, Stuart, *Representing Autism: Culture, Narrative, Fascination* (Liverpool: Liverpool University Press, 2008).

Norris, Kathleen, *The Noonday Demon: A Modern Woman's Struggle with Soul-weariness* (London: Lion, 2008).

O'Gorman, Francis, "Modernism, T. S. Eliot, and the 'Age of Worry'," *Textual Practice*, 26 (2012), pp. 1001-1019.

Orens, John Richard, "The First Rational Therapist: George Lincoln Walton and Mental Training," *Journal of Rational-Emotive The Therapy*, 4(1986), pp. 180-184.

Oxford English Dictionary, electronic edn, www.bed.com

Phillips, Adam, *Going Sane* (London: Hamish Hamilton, 2005).

Proust, Marcel, *Le côté de Guermantes* (Première partie), édition du texte, introduction, bibliographie par Elyane Dezon-Jones ([Paris]: Flammarion, 1987).

Rohrer, Glenn, ed., *Mental Health in Literature: Literary Lunacy and Lucidity* (Chicago: Lyceum, 2005).

Roth, Philip, *The Human Stain* (London: Vintage, 2005).

Rycroft, Charles, *Anxiety and Neurosis* (Harmondsworth: Penguin, 1968).

Sadler, William S., *Worry and Nervousness or The Science of Self-Mastery* (London: Cazennove, 1914).

Salecl, Renata, *Choice* (London: Profile, 2010).

Saleeby, C. W., *Worry the Disease of the Age* (Cambridge: Smith, 1907).

Sass, Louis A., *Madness and Modernism: Insanity in the Light of Modern Art, Literature, and Thought* (New York: Basic, 1992).

Scruton, Roger, *The Uses of Pessimism and the Danger of False Hope* (London: Atlantic, 2010).

Sebald, W. G., *The Rings of Saturn*, trans. Michael Hulse (London: Vintage, 2002).

Shakespeare, William, *The Oxford Shakespeare: The Complete Works*,

2nd edn, ed. Stanley Wells and Gary Taylor (Oxford: Oxford University Press, 2005).

Shelley, Percy Bysshe, *The Complete Poetical Works of Percy Bysshe Shelley* (Boston, MA: Houghton Mifflin, 1901).

Smiles, Samuel, *Collected Works*, 26 vols (London: Routledge, 1997).

Solomon, Andrew, *The Noonday Demon: An Anatomy of Depression* (London: Vintage, 2002).

Sontag, Susan, *On Photography* (London: Penguin, 1979).

Stephen, Leslie, *Sir Leslie Stephen's Mausoleum Book*, ed. Alan Bell (Oxford: Clarendon, 1977).

Thurschwell, Pamela, *Literature, Technology and Magical Thinking, 1880-1920* (Cambridge: Cambridge University Press, 2001).

Tighem, Patricia van, *The Bear's Embrace: A True Story of Surviving a Grizzly Bear Attack* (Vancouver: Greystone, 2000).

Trollope, Anthony, *Framley Parsonage* (London: Smith, Elder, 1861).

— *Orley Farm*, 2 vols (London: Chapman & Hall, 1862).

— *The Last Chronicle of Barset* (Harmondsworth: Penguin, 1986).

Trombley, Stephen, *All that Summer She was Mad: Virginia Woolf and her Doctors* (London: Junction, 1981).

Tugend, Alena, "Too many choices: A Problem that Can Paralyze," http://www. nytimes.com/2010/02/27/your-money/27shortcuts.

html?_r=0 (last accessed February 4, 2014).

Tylor, E. B., *Primitive Culture: Researchesinto the Develomet of Mythology, Philosophy, Religion, Art, and Custom,* 2 vols (Lodon:Murray, 1871).

Virgil, *The Aeneid*, trans. Cecil Day-Lewis (Oxford: Oxford University Press, 1986).

Walton, George Lincoln, *Why Worry?* (Philadelphia, PA: Lippincott, 1908).

Webster, Noah, *An American Dictionary of the English Language* (New York: Converse, 1830).

Wilson, Eric G., *Against Happiness: In Praise of Melancholy* (New York: Farrar, Straus and Giroux, 2008).

Wolpert, Lewis, *Malignant Sadness: The Anatomy of Depression* (London: Faber, 1999).

Woolf, Virginia, *Mrs Dalloway* (London: Vintage, 2004).

— *To the Lighthouse* (London: Vintage, 2004).

Worcester, Joseph E., *A Dictionary of the English Language* (Boston, MA:Hickling Swan, and Brewer, 1860).